아는 만큼
건강해지는
위생상식

곰팡이

해충

세균

바이러스

아는 만큼 건강해지는 위생상식

저자 | 최덕호 정진영

amStory

추천의 글

먼저 이렇게 멋진 책이 나오게 된 데 축하의 인사를 전합니다.

국민 보건의 향상과 재산을 지킨다는 신념으로 세스코와 팜클을 창립하고 40년 넘게 방역 산업에 종사하며 1990년 《쥐의 생태와 방제》를 출간한 저로서는 이번에 일반인에게 도움이 되는 방역 관련 도서가 출간된다는 점에서 매우 기쁩니다.

우리나라에 방역 및 방제에 대한 개념이 없던 시절 영국에서 유학하며 선진 국가의 방역과 방제 개념에 대한 인식을 얻었습니다. 이를 통해 방역과 방제는 개인들이 스스로 지키지 않으면 안 되는 영역임을 우리나라에 전파하고자 국가와 사회를 위해 열심히 뛰었습니다. 이 책을 읽으니 그 때가 새록새록 떠오릅니다.

이 책을 통해 독자 스스로가 방역과 방제에 대한 이해를 높이는 데 도움이 되리라 기대합니다. 특히 곰팡이와 같은 미생물뿐 아니라 주요 해충과 쥐 그리고 최근 10년간 이가 되었던 돌발 해충을 잘 정리해 전래동화처럼 구전되어 내려오는 해결책이 아닌 보다 과학적이고 전문적으로 도움을 줄 수 있는 내용은 어디에서도 볼 수 없었던 내용이기에 독자들에게 큰 도움이 될 것입니다.

손자병법에 '지피지기면 백전백승'이라는 말이 있습니다. 모든 질병이 그러하듯 위생 또한 예방이 최고의 해결책입니다.

일상에서 마주치게 되는 수많은 생활 속 위생 문제에 대해 명쾌하고 정확하게 문제를 진단하고 조언을 해주는《아는 만큼 건강해지는 위생 상식》은 누구에게든 유익한 책이 될 것이라 예상합니다. 이 책을 잘 활용하여 생활 속에서 맞닥뜨리는 위생 문제에 잘 대비한다면 위생으로부터 시작되는 질병의 위험성을 낮춰 건강하고 쾌적한 생활 환경을 만들 수 있을 것입니다.

많은 분들이 이 책을 읽고 자신의 생활 위생 환경을 한 단계 업그레이드 할 수 있는 계기가 되기를 바랍니다.

전순표 **농학 박사**
세스코 & 팜클 회장

프롤로그

최덕호

우리는 각자 개인에게 치명적일 수밖에 없는 잠재적인 공포를 제거하기 위해 수천년의 경험을 통해 눈에 보이는 생물 매개체를 제거해 왔습니다. 모기가 무서운 생물은 아니지만 모기로 인해 알 수 없는 바이러스에 감염될 확률을 줄이기 위해 모기를 잡는 것처럼 말입니다.

미생물 관련 연구를 평생 해오며 유해 미생물 및 매개체로서의 생물(바이러스, 박테리아, 곰팡이, 해충, 쥐 등)로부터 공격을 피할 수 있는 방어, 방제에 대해 고민해 왔습니다. 인간이 미처 확인하지 못한 알 수 없는 유해 미생물에 대해 국가와 의료기관이 통제/치료하는 부분도 있지만 이 책에서는 개인이 스스로 할 수 있는 최소한의 방어와 방제에 대해 이야기하고 싶었습니다.

팬데믹 시대를 겪으며 이제 우리는 개인의 실내외 활동에서 만나는 유해 미생물 및 생물에 대해 인지하고 스스로를 지키기 위한 최소한의 방어가 필요하다는 것에 대해 깨닫게 되었다고 생각합니다.

이 책에서는 유해 미생물 및 생물을 방제하기 위해서 유해 미생물 및 생물이 무엇인지 정리했고, 그 유해 미생물 및 생물을 방제하는 살생물제Biocides에 대한 정보와 사용 방법을 함께 담아 독자에게 도움을 주고자 했습니다.

정진영

17년 동안 회사를 다니며 방역 전문가들을 대상으로 하는 교육뿐 아니라 일반인을 대상으로 위생·방역에 대한 강연이나 설명회 등을 진행해 왔습니다. 참여한 분들과 이야기를 나누고 느낀 점은 일상생활에서 정말 필요하지만 아무도 알려주지 않는 사소한 위생·방역 이야기부터 잘못 알려진 위생·방역 상식이 제법 많다는 것이었습니다. 이후 관련한 다양한 이슈가 뉴스에 등장하고 사회적인 문제가 되면서 생활 위생에 관련된 이야기들을 더 많은 분에게 전달하고 싶어 책을 펴내게 되었습니다.

생활 위생에는 크게 두 가지가 있습니다. 일반적으로 '위생' 하면 떠오르는 청결에 관련된 부분과 해충 관리입니다. PART 1은 집의 공간을 환경별로 구분해 환경에 대한 위생뿐 아니라 구체적인 물건에 대한 관리 방법까지 자세하게 담으려 했습니다. PART 2는 우리에게 익숙한 해충부터 집 안과 밖에 자주 나타나지만 이름은 물론 방제 방법도 알 수 없었던 곤충을 다루며 이에 대한 생활/살생물 방제에 대한 이야기를 다뤘습니다.

해충이나 곰팡이, 세균, 바이러스라고 하면 외면하고 싶거나 혹은 이야기하고 싶지 않은 주제일 것입니다. 그러나 엄연히 일상생활에서 우리와 함께 지내고 있는 것이고 잘 관리하지 않으면 나와 내 가족의 건강에 문제를 일으킬 수 있습니다. 이 책이 여러분에게 "아는 만큼 건강해지는 위생 상식"이 되어 생활 위생을 관리하는 데 도움이 되었으면 좋겠습니다.

CONTENTS

목 차

PART 2 해충 위생

부록. 살생물 제품을 이용한 위생

PART 1

생활 위생

1

집 안 곰팡이 위생

집 안 청결에 신경 쓸 때 가장 경계해야 하는 것은 무엇일까요? 1순위는 바로 곰팡이입니다. 곰팡이는 대개 습도가 높고 햇빛이 들지 않는 욕실이나 베란다 같은 장소에서 잘 생깁니다. 집 안에 얼룩덜룩 거뭇하게 곰팡이가 발생하면 미관상 흉할 뿐 아니라 악취가 나 불쾌감을 주고 심지어 가족들의 건강까지 위협할 수 있습니다. 곰팡이는 실내 온도가 20~30℃, 습도가 60% 이상에서 가장 잘 번식합니다. 국립환경과학원의 자료에 따르면 실내 습도가 60% 이상인 집이 그렇지 않은 집보다 공기 중 세균, 곰팡이의 평균 농도가 각각 1.3배, 2.7배로 높았습니다.

가장 습한 여름 장마철의 온도는 25℃, 습도는 70% 이상으로 높아져 곰팡이의 번식 속도가 평소보다 2~3배 이상 빨라집니다. 여기에 요리를 하거나, 빨래를 실내에서 말리거나, 식물을 실내에서 키운다면 습도가 상대적으로 더 올라가게 되므로 곰팡이가 더 많이 번식합니다.

곰팡이가 생기는 계절은 여름만이 아닙니다. 겨울철에는 바깥 온도와 실내 온도가 15℃ 이상 차이가 나면서 단열 처리가 제대로 안 된 주택인 경우 외부와 맞닿는 집 안 내부 벽면이 차가워져 이슬점 온도에 도달하면 벽에 물방울이 맺히게 됩니다. 이를 결로라고 하는데, 온도가 낮을수록 공기가 머금을 수 있는 수증기량은 적어지기 때문에 집 안팎의 온도 차가 클수록, 또 내부 습도가 높을수록 많은 양의 결로가 생깁니다. 결로는 벽지 등으로 스며들어 곰팡이가 쉽게 성장할 수 있는 환경을 조성하게 됩니다. 곰팡이는 우리 눈에 보이지 않는 포자 형태로 공기 중으로 퍼지기 때문에 곰팡이가 집 안에 발생했다면 이미 집 안 전체가 곰팡이에 노출된 것과 같습니다. 그러니 곰팡이가 발견됐다면 더 번식하기 전에 즉시 제거해야 합니다.

곰팡이에 노출되면 비염, 호흡곤란, 천식 같은 호흡기 질환이나 아토피 같은 피부 질환을 일으킬 수 있고, 특히 면역력이 약해진 사람들에게는 폐렴 등의 질병을 일으키기도 합니다.

곰팡이 독소로 아주 잘 알려진 강력한 발암 물질인 아플라톡신aflatoxin 외에도 신종 독소가 계속 보고되고 있습니다. 주로 탄수화물이 풍부한 곡류, 견과류, 과일류 등의 식품에 곰팡이가 자라면서 독소가 남게 되고 이런 식품들을 섭취할 경우, 곰팡이 독소 중독증에 걸릴 수 있습니다. 이외에도 곰팡이에 대한 질병의 유형으로는 다양한 진균 감염이 있습니다.

1) 집 안에서 곰팡이가 가장 많이 보이는 장소: 욕실

상대 습도가 높은 욕실은 청소를 조금만 게을리해도 금세 물때가 끼고 거뭇거뭇 곰팡이가 생기기 쉽습니다. 욕실을 청소할 때 요점은 곰팡이와 세균 그리고 벌레가 생기지 않도록 하는 것인데, 그중 곰팡이는 한번 생기면 박멸하기가 너무 어려우니 살균제를 이용해 관리해 줘야 합니다.

집에서 발견되는 곰팡이와 세균은 매우 다양하지만 욕실 세면대 실리콘에서 흔히 볼 수 있는 곰팡이류는 포마Phoma나 페이론균속Peyronellaea 또는 클라도스포륨Cladosporium입니다. 세라티아Serratia는 세면대, 타일 바닥, 변기에 분홍색 얼룩을 만드는 균으로 알려져 있는데, 상처를 통해 감염되어 감염성 심내막염을 일으킨 사례가 보고되기도 했습니다.

배수구 주변 물이 고인 곳에는 물때가 끼고 미끈거리기 쉬운데 여기에 벌레가 알을 낳고 번식하기도 합니다. 화장실에서 많이 발견되는 작은 삼각형 날개를 가진 회색 날벌레인 나방파리가 대표적입니다. 겉으로 봐서는 그 안에 벌레가 있는지 잘 모르기에 배수구 주변이나 목욕탕 바닥 모서리 등에 물때가 끼지 않도록 잘 청소하고 소독을 해주어야 합니다.

2) 오염물 종류에 따라 세제 선별하기

욕실 오염은 크게 먼지, 비누 찌꺼기 같은 일반적인 오염물, 석회 물질이나 요석 같은 무기 침전물, 그리고 세균이나 곰팡이 같은 미생물 오염으로 나눌 수 있습니다.

일반적 오염물의 경우 계면 활성제 성분으로 이루어진 일반 세제를 사용하면 잘 제거됩니다. 욕실 전용 세제를 사용해도 되지만 목욕용 세제를 사용해도 되며 샴푸나 주방용 세제도 오염을 제거하는 데 문제가 없습니다.

욕실에서 발생하는 무기 침전물은 대개 염기성이므로 산 성분으로 녹여야 합니다. 오래되지 않은 얼룩이라면 식초나 구연산액을 바르고 10분 정도 후에 물로 헹궈주면 쉽게 제거됩니다. 구연산액은 구연산citric acid 한 숟갈에 물을 500ml 넣으면 대략 구연산 5% 정도의 적당한 농도가 됩니다. 그러나 오래된 심한 오염이나 요석의 경우에는 요석 제거제를 사용해야 쉽게 제거됩니다.

곰팡이나 세균 같은 미생물 오염이 진행된 경우 에탄올이나 락스 또는 옥손 성분 등의 살균 소독제를 사용합니다. 국내에서는 유일하게 코로나19 바이러스를 1분 내 사멸시킬 수 있는 환경부 등록 살균 소독제로 질병관리청 소독 지침에 실려 있습니다. 옥손은 코로나19 때문에 유명해진 성분으로 감염병 예방용 살균제입니다. 살균 소독제를 이용해 곰팡이를 제거할 때는 붓을 사용해서 살균 소독액을 곰팡이가 핀 부분에 잘 스며들도록 충분히 발라주거나 네 겹으로 접은 휴지를 살균 소독액에 적셔 곰팡이가 핀 부분에 올려두고 3~5시간 기다린 뒤 곰팡이 얼룩이 없어지면 물로 깨끗이 씻어내면 됩니다. 또한 모든 살균 소독제를 사용할 경우에는 고무장갑과 마스크를 착용하고 작업복을 입는 것이 좋습니다. 청소하는 동안에는 환기가 잘 되도록 문과 창문을 열어두고 청소를 마친 뒤에는 환기한 후 욕실을 사용합니다.

살균 소독제 중 락스를 이용해 곰팡이를 제거하는 경우에는 락스 원액을 사용하지만 일반적인 살균을 위해서는 락스 100배 희석액◆을 사용하시면 됩니다. '릴라이온버콘마이크로'◆◆로 살균할 경우 100배 희석액◆◆◆을 만들어 사용하시면 됩니다.

알코올 성분의 손 소독제도 곰팡이나 세균에 살균 효과를 가지고 있습니다. 알코올 70%가 함유된 소독제를 살균할 부분에 바르거나 뿌려주면 됩니다. 70% 에탄올 살균 소독제가 충분히 작용할 수 있게 흥건히 뿌려준 후 5~10분 기다리면 됩니다.

그 외에도 세탁할 때 표백제로 많이 사용하는 과탄산소다(과탄산나트륨)도 곰팡이와 세균을 제거하는 살균 효과를 가지고 있습니다. 곰팡이 살균을 목적으로 과탄산소다를 사용하는 경우 필요할 때마다 과탄산소다를 녹여 사용하고, 시간이 지나면 효력이 감소하므로 사용 후 남은 것은 버리는 것이 좋습니다. 살균 소독을 위한 과탄산소다액은 물 500ml에 과탄산소다 1/4 컵 정도(약 75g)를 넣어 녹이면 됩니다. 이 정도면 약국에서 파

◆ 물 1L에 락스 한 뚜껑 양 정도를 섞은 액체를 말한다.

◆◆ 옥손 성분에 세정 효과를 더한 제품인 팜클의 릴라이온버콘마이크로는 살균 소독과 세정을 한꺼번에 할 수 있다.

◆◆◆ 물 500ml에 릴라이온버콘마이크로 5g을 녹인 액체를 말한다.

는 농도 이상의 과산화수소액이 만들어집니다. 과탄산소다는 차가운 물에 잘 녹지 않기에 40℃ 이상의 물을 사용합니다. 녹이는 과정에 하얀 기포가 생기며 가스가 발생하는데 이것은 산소(활성산소)입니다. 과탄산소다가 물에 용해되면서 결합되어 있던 과산화수소가 분리되어 나오고, 그 과산화수소가 산소와 물로 분리되면서 산소가 발생하는 것입니다. 분해의 중간 산물인 과산화수소의 기체는 눈과 피부에 자극이 되며 피부에 화상을 입힐 수 있습니다. 많은 양을 흡입할 경우 호흡기를 자극해 기침과 인후염을 유발할 수 있기에, 호흡기에 들어가지 않도록 유의하고 과탄산소다를 사용할 때에는 다른 살균 소독제와 마찬가지로 환기를 반드시 해야 합니다.

청소가 끝난 뒤에는 세제와 살균제는 뚜껑을 잘 닫아 아이들의 손이 닿지 않는 서늘한 곳에 잘 보관해 두세요. 이외에도 욕실을 청소할 때 사용한 솔이나 수세미 등의 도구도 살균제에 담가둔 후 깨끗한 물로 헹궈내면 좋습니다. 이후 햇볕이 드는 곳에서 말려주면 위생적으로 사용할 수 있습니다.

화장실 공간별 청소법

◆ 욕조

몸 전체를 담가 목욕을 하는 욕조는 욕실에서 가장 신경 써서 청소해야 하는 공간입니다. 대강 물로만 헹구어내면 눈에 보이지 않는 물때나 세균이 남을 수 있습니다. 이때 욕조 전용 세제를 사용해도 좋지만, 일반적인 세제로 닦아도 충분합니다. 어떤 세제를 쓰는지보다 자주 꼼꼼히 닦아주는 것이 더 중요합니다.

◆ 세면대, 수도꼭지, 거울

세면대와 수도꼭지, 거울은 손이 자주 닿는 곳입니다. 손이 자주 닿는다는 것은 그만큼 세균이 번식하기 쉬울 뿐 아니라 물때, 찌든 때, 비누 때 등 때가 끼기 쉽습니다. 물때는 주로 수돗물의 염기성 무기 침전물입니다. 생각보다 구조가 단단해서 수세미로 문질러도 잘 안 지워집니다. 이런 곳에는 5% 구연산액이나 식초를 구석구석 바르고 약 10분 뒤 스펀지로 닦아내 주세요. 자주 닦아도 얼룩이 생기는 거울은 마른 수건에 린스를 소량 묻혀 거울을 비벼 닦으면 린스의 계면 활성제와 코팅제 성분 때문에 얼룩이 잘 생기지 않고 김도 잘 서리지 않는 효과를 볼 수 있습니다.

◆ 변기

변기는 청소하지 않고 방치하면 누렇게 되고 단단한 요석이 변기 내부에 쌓여 청소가 어려워집니다. 요석은 산 성분으로 녹여야 하는데, 오래된 요석은 구연산이나 식초로 제거하기 어려우므로 시중에 팔고 있는 요석 제거제를 사용하시면 쉽게 제거됩니다. 요석이 생기지 않게 하려면 자주 청소를 해주고 식초나 구연산을 붓고 1시간 이상 기다렸다가 물을 내리면 요석이 쌓이는 것을 예방할 수 있습니다. 변기 뚜껑과 앉는 부분 그리고 물 내리는 손잡이도 일주일에 한 번씩 닦아주면 위생적으로 사용할 수 있습니다.

◆ 욕실화

욕실화는 물때와 찌든 때, 곰팡이의 온상입니다. 항상 발에 가려져서 욕실화를 자세히 보지 않지만 발바닥 구멍과 틈새 사이를 살펴보면 지저분함에 깜짝 놀라게 됩니다. 욕실화는 대개 한번 구입하면 낡을 때까지 오랫동안 사용하는데 물때나 곰팡이가 피었다면 새것으로 교체하기를 권장합니다. 계속 사용하고 싶다면 대야에 락스 100배 희석액이나 과탄산소다액에 욕실화를 1시간 정도 담가두었다가 물로 깨끗이 헹궈 마무리해 주면 됩니다. 다만, 색상이 있는 욕실화의 경우 탈색될 수 있으니 주의합니다.

◆ 샤워기

샤워기 청소도 잊기 쉽습니다. 물이 나오는 샤워기의 헤드나 샤워기 줄의 홈에는 보이지 않는 수많은 세균과 때가 가득합니다. 이러한 균들은 피부에 직접적인 영향을 끼치기에 주기적으로 세척해 주어야 합니다. 샤워기를 분리한 후 구연산액이나 식초에 30분 정도 담갔다 뺀 후 남은 오염물을 칫솔로 문질러 제거하고 맑은 물로 헹궈줍니다.

3) 베이킹소다와 구연산으로는 미생물이 제거되지 않습니다

욕실 등 미생물로 더럽혀진 공간을 청소할 때 세제 선택에 대한 고민이 많습니다. 락스와 같은 살균 소독제로 청소를 하면 피부와 호흡기에 혹시 해가 될까 걱정됩니다. 요즘에는 식품에 사용하던 식품 첨가제들이 친환경 세제로 여겨지고 있는데 베이킹소다, 식초, 구연산, 레몬 껍질 같은 것들이 주인공입니다. 그런데 이들은 특정 오염을 제거하는 기능은 좋을 수 있으나 일반적인 오염물을 제거하는 기능은 떨어지고 살균 효과는 약하며 제한적입니다. 청소는 더러움을 제거하고 세균이나 바이러스 수를 줄여서 질병에 걸리지 않게 하려는 보건의 목적이 있습니다. 이런 물질은 사용하더라도 너무 맹신하지 말고 장단점과 주의 사항을 잘 알고 사용하는 것이 좋겠습니다.

세제로 가장 많이 사용되는 베이킹소다는 탄산수소나트륨이 주성분으로 오염 물질을 흡착하는 능력과 미세한 가루가 가지는 연마 효과, 즉 때를 갈아내는 효과로 더러움을 제거합니다. 그래서 베이킹소다를 사용하면 더러운 얼룩을 없애고 악취 제거를 기대할 수 있지만 살균과 소독 효과를 기대하긴 어렵습니다. 또한 집에서 살균과 소독을 위해 사용하는 식초나 구연산 역시 일부 세균에 대해 살균 효과가 약하게 있는 데다 곰팡이에는 효과가 거의 없어 살균 소독제로 쓰기에는 많이 부족합니다.

특히 청소를 위해 베이킹소다와 구연산을 섞어서 사용하는 경우가 있는데 두 물질을 섞으면 중화 반응이 일어나 효과를 기대하기 어렵습니다. 구연산은 레몬이나 귤 같은 시큼한 과일에 많이 들어 있는 물질로, 산성입니다. 이에 비해 베이킹소다는 약한 염기성입니다. 물에 가루 형태의 베이킹소다를 뿌리고, 그 위에 구연산 희석액을 살포하면 산과 염기가 만나 일어나는 중화 반응으로 부글부글 거품이 생깁니다. 이 거품이 세정 및 살균 작용을 하는 것처럼 보이지만 실제로는 산성과 염기성이 만나 생긴 이산화탄소가 이 거품의 정체입니다. (베이킹소다와 구연산이 반응하면 구연산나트륨과 물 그리고 이산화탄소로 변합니다. 참고로 구연산나트륨은 가공식품의 산도 조절제로 많이 사용되는 물질입니다.) 거품이 부글부글 올라오는 모습 때문에 더 깨끗하게 닦일 것이라 기대하지만 청소하고 나면 실망하게 되는 이유입니다. 베이킹소다와 구연산 외에도 다른 '친환경 세제'도 있습니다. 하지만 이것들도 잘 씻어내지 않으면 오히려 얼룩이 남거나 세균이 번식하기 좋은 환경을 만들 수도 있습니다. 천연이라고 하면 왠지 더 안전할 것 같고 더 좋은 것 같지만 어떤 제품을 사용하는지보다는 어떻게 사용하는지를 주의해야 합니다. 환경부에 등록된 살균제나 세제 중에서 고르면 효과적이고 안전하게 사용할 수 있습니다.

올바른 락스 사용법

경제적이고 효과적인 살균제는 락스입니다. 그러나 락스는 잘못 사용하면 유해하므로 사용할 때 주의해야 합니다. 락스 원액은 강한 염기성으로 피부를 녹일 만큼 강합니다. 피부 접촉 시 통증, 수포, 화상을 유발할 수 있고 흡입 시 인후통, 기침, 폐부종 등을 일으킬 수 있습니다.

◆ 락스에는 차가운 물 외에는 절대 다른 것 섞지 않기

60℃ 이상의 뜨거운 물을 사용하면 유독한 염소 가스가 나오고 살균력도 사라집니다. 산성 물질과 혼합해도 안 됩니다. 과탄산소다와 락스가 만나면 폭발을 할 수도 있습니다. 이때 발생하는 염소가스를 흡입하면 사람에 따라 심한 경우 폐 손상이나 급성 호흡 곤란 증후군(RADS)이 생길 수 있습니다.

◆ 희석 후 즉시 사용하기

락스의 주성분인 차아염소산나트륨은 물과 만날 때 분자 간 해리가 빠르게 일어나, 효력이 점차 떨어지므로 희석 즉시 빠른 시간 내 사용해야 합니다. 아깝다고 쓰고 남은 락스 희석 용액을 보관하는 것은 무의미한 행동입니다. 남은 것은 버려야 합니다.

◆ 사용 후 반드시 환기하기

락스는 무색무취의 액체지만 유기물(오염물, 곰팡이) 등과 접촉 시 산화(살균) 작용과 함께 고유의 냄새가 발생합니다. 이 냄새로 인해 장시간 사용 시 두통이나 어지러움증을 느낄 수 있기에 환기가 잘 되는 환경에서 사용해야 합니다. 그리고 소독한 표면은 반드시 물로 헹궈줍니다.

◆ 마스크와 고무장갑 착용하고 사용하기

락스는 단백질도 녹여버릴 정도로 독한 편입니다. 피부에 직접 닿으면 피부 조직을 손상시키고 염증을 유발할 수 있습니다. 그러니 반드시 고무장갑을 착용 후 사용해주세요. 또 락스를 사용할 때 부주의로 눈에 튀는 경우도 있습니다. 락스가 눈에 들어가면 시력 저하는 물론 각막이 손상되면서 통증이 생길 수 있으니 가능하다면 보호 안경을 착용하는 등 항상 조심히 사용해야 합니다.

◆ 희석액을 분무해서 사용하기보다는 묻혀 닦아내기

분무기에 넣어 뿌릴 경우 에어로졸(공기 중에 떠다니는 미립자)화되어 흡입할 수 있고, 분무하는 과정 중 안구 점막이나 연약한 피부 등에 닿으면 자극이 될 수 있습니다. 분무하지 말고 묻혀 닦아내는 방식으로 사용합니다.

◆ 락스 구입할 때는 작은 용량 구입하기

락스는 대부분 대용량을 구입해 1~2년씩 사용하는 경우가 많습니다. 하지만 사용할 때마다 뚜껑을 자꾸 여닫는 과정에서 오염되면 효과는 급격히 떨어집니다. 또 락스는 기간이 지날수록 유효 염소 농도가 저하돼 효과가 점점 떨어집니다. 개봉하지 않은 락스라고 해도 유효기한은 제조일로부터 15개월입니다. 적은 용량의 것을 구입해 빠른 시간 내 사용 후 다시 구입하는 것이 좋습니다.

4) 예방이 답이다

세균과 곰팡이는 한번 생기면 제거가 어렵기에 생기기 전 예방하는 것이 최선입니다. 건강은 건강할 때 지키듯 세균과 곰팡이도 발생하지 않았을 때 예방하는 것이 가장 좋습니다. 오염된 후 수습하려면 수십 배의 비용과 노력이 필요합니다.

우리는 눈에 보이지 않는 미생물 틈에서 살고 있고, 지금 주변에도 곰팡이 포자, 부유균 입자들이 떠다니고 있습니다. 우리가 곰팡이균을 완전 박멸했다고 해도, 다시 생기는 이유입니다. 그래서 가능하면 이런 공중에 부유하는 세균과 곰팡이의 발생 원인을 차단하는 것이 좋습니다. 그리고 세균과 곰팡이 발생원을 처리하는 것만큼 중요한 일은 세균과 곰팡이가 자라기 어려운 환경으로 만드는 것입니다.

예방에는 환기가 필수

겨울 외의 계절에는 환기가 자유로운 편이나 문제는 추운 날씨로 환기가 꺼려지는 겨울입니다. 추운 날씨라 30분 정도 환기하는 게 어렵다면 10분씩 짧게 자주 환기해 줍니다. 이렇게 한다면 난방과 가습기 사용으로 인해 고온다습해진 실내 공기를 쉽게 관리할 수 있습니다. 겨울철엔 외부가 건조하기에 환기를 하면 습기가 빨리 배출되기 때문에 각 방의 문을 비롯해 옷장, 싱크대 서랍장, 창문, 화장실 문 등을 모두 열어두고 집 안 구석구석 모두 환기가 될 수 있도록 합니다. 집 안 습기를 제거하고 실내 공기를 정화하는 데 자연 바람을 통한 환기만큼 효과적인 것이 없기에 하루에 3번 정도 총 30분씩 환기를 하면 집 안 곰팡이 제거와 예방을 동시에 할 수 있습니다.

또한 자연 환기를 할 때 환풍기나 제습기, 공기청정기 등을 적절하게 활용하면 좋습니다. 공기 중에 떠다니는 미세 먼지는 곰팡이에게 좋은 먹이원이 되므로 공기청정기를 가동해 실내 공기질을 관리해 주면 도움이 될 수 있습니다. 새집이라도 환기를 잘 하지 않으면 곰팡이를 비켜가기 어렵습니다. 반면 오래되어 단열이 잘 안되는 집이나 반지하에 살고 있더라도 자주 환기를 해준다면 곰팡이 발생을 억제할 수 있습니다.

계절이 지난 옷들을 오랜만에 꺼내보면 옷에서 냄새가 나고 곰팡이가 핀 모습을 볼 수 있습니다. 이는 환기를 제대로 안 해주었기 때문입니다. 따라서 옷장에 옷을 보관할 때는 통풍이 될 수 있도록 간격을 벌려 보관하는 것이 좋고, 옷 사이사이에 신문지를 끼워 넣거나, 습기제거제를 넣어두면 곰팡이를 예방할 수 있습니다. 아이들 신발장 역시 환기가 되지 않으면 곰팡이가 발생할 수 있습니다. 아이들은 발에 땀이 많기에 신발이 축축해지기 쉬운데 그 상태로 신발장에 넣어두고 문을 닫아놓으면 곰팡이가 생기게 됩니다. 곰팡이 방지를 위해 신발장에 숯을 넣어두거나 신발 안에 마른 신문지를 말아 넣어두면 탈취 효과와 세균 번식을 억제하는 효과를 볼 수 있습니다.

또한 가구 뒤쪽이나 벽 구석 모서리도 곰팡이가 자주 발생하는 곳입니다. 특히 가구를 벽에 붙여두면 통풍이 제대로 되지 않아 곰팡이가 더 심해질 수 있습니다. 따라서 가구를 5~10cm 정도 벽에서 간격을 떼어 배치하거나 습기제거제를 놓아두는 것이 좋습니다.

적정 습도 유지하기

곰팡이 예방에 환기만큼 중요한 것이 내부 습도 조절입니다. 습도가 높아지면 곰팡이가 쉽게 발생하기에 실내 습도가 50~60% 이상이면 지나친 가습기 사용을 자제하고 실내에서 빨래를 건조하는 것도 피하는 게 좋습니다. 내부 습도는 40% 전후 정도가 적절하니 실내 습도가 너무 높을 경우 환기를 하거나 제습제나 제습기를 이용해 습기를 제거해줍니다.

물청소 후 마지막 필수 단계, 건조!

욕실의 경우 바닥이 항상 젖어 있기 쉬운데 이처럼 물기가 남아 있을 경우 다시 곰팡이가 번식하기 쉬운 환경이 됩니다. 바닥물밀대(스퀴지)를 이용해 바닥의 물기를 닦거나 훑어줍니다. 이후 환풍기를 돌리거나 문을 열어서 습기가 빠져나갈 수 있게 해주세요. 욕실은 항상 습기가 가득한 곳인 만큼 세균이 번식하기 좋은 환경이기에 주기적으로 청소하고 소독해야 합니다. 더불어 매일매일 청소가 어려울 때는 하루 세 번 욕실을 환기해 주고, 사용하지 않을 때 수시로 문을 열어두거나 환풍기를 가동하면 도움이 됩니다.

일상생활에서 쉽게 만날 수 있는 곰팡이와 세균

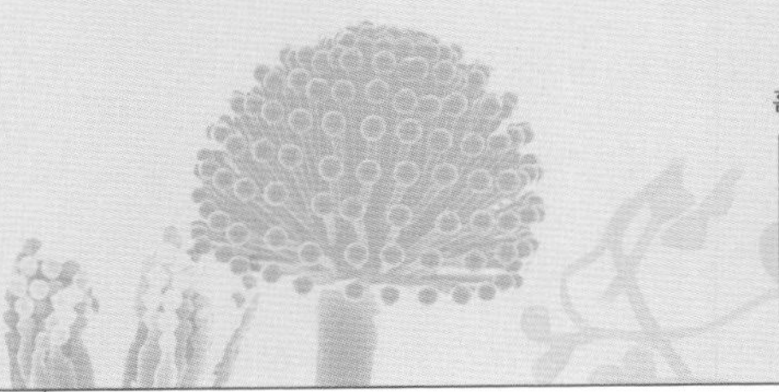

국립생물자원관
홈페이지 바로가기

특징	곰팡이 이름	요약
집 안의 먼지에서 많이 발견되는 곰팡이류	아스페르길루스 니게르 *Aspergillus niger* 페니실리움 시트리움 *Penicilium citrinum* 알터나리아 알터나타 *Alternaria alternata*	우리 집 안의 먼지에서 흔히 발견되는 곰팡이로 인류 역사와 오래전부터 함께해 온 곰팡이입니다. 누룩곰팡이 속에는 아스페르길루스 니게르가 있는데 사람에게 질병을 일으키지는 않지만 면역력이 약해진 사람에게는 기회 감염을 일으킬 수 있습니다. 균사는 하얗게 자라 검은색 포자를 생성합니다. 푸른곰팡이속도 집 안에서 흔히 발견되는데 감귤이 상하면 표면에 푸른색으로 피어나는 것이 페니실리움 시트리움이라는 곰팡이이고 분생자는 빗자루 모양입니다. 알터나리아 알터나타 곰팡이 역시 집 안에서 흔히 발견되며 매트리스 같은 섬유 제품에서 자주 발견됩니다. 알레르기원성을 가지고 있어 알레르기 체질은 피해야 하는 종류입니다.
세면대 실리콘에서 흔히 볼 수 있는 곰팡이	포마 허바룸 *Phoma herbarum* 페이로넬라에아 칼라프레페렌즈 *Peyronellaea calorpreferens* 클라도스포륨 할로톨레란스 *Cladosporium halotolerans*	세면대 실리콘에서 흔히 발견되는 곰팡이로 거뭇거뭇하면서 동그란 형태로 자랍니다. 이들은 모두 흔한 곰팡이류로 일단 오염이 시작되면 완벽히 제거하기 어렵기 때문에 예방을 위해 살균 소독제를 실리콘에 뿌려 주기적으로 관리해야 합니다. 살균 소독제를 곰팡이 핀 부분에 충분히 바르거나 흥건히 적신 후 시간을 두어 곰팡이를 제거한 뒤 물로 닦아줍니다.
벽지나 베란다에서 많이 발생하는 곰팡이류	스타키보트리스 차타룸 *Stachybotrys chartarum* 페니실리움 브레비콤팍툼 *Penicillium brevicompactum* 아스페르길루스 베르시콜로르 *Aspergillus versicolor*	집 안에서 흔히 발견되는 곰팡이류 중에 곰팡이 독소를 생성해 특별히 주의를 요하는 곰팡이 종류입니다. 곰팡이 독소는 흡입하는 경우 심각한 병을 일으킬 수 있는데, 곰팡이에서 배출된 독소는 미세 먼지처럼 공기 중으로 날리기 때문에 조심해야 합니다. 스타키보트리스는 독검댕곰팡이의 일종으로 벽지 같은 셀룰로오스 함량이 높은 재질에서 성장합니다. 누수, 결로 등으로 습도가 매우 높아지면 발생하기 쉽습니다. 1990년대 미국에서는 영유아가 스타키보트리스에 의한 급성폐출혈로 다수 사망한 사례가 있습니다. 이런 독소를 생성하는 곰팡이류에 오염이 되었다면 작은 면적의 경우 직접 살균 소독제를 처리해 제거할 수도 있지만 오염 면적이 넓은 경우는 전문가를 불러 처리하는 것이 좋습니다.

미생물도감
(식약처 발간, 2013.09)

질병관리청
홈페이지 바로가기

특징	세균 이름	요약
물때 원인균	메틸로박테리움 라디오톨레란스 *Methylobacterium radiotolerans* 세라티아 마르세센스 *Serratia marcescens* 아시네토박터 바우만니 *Acinetobacter baumannii* 아시네토박터 칼코아세티쿠스 *Acinetobacter calcoaceticus*	욕실에서 분홍색이나 주황색으로 물때가 끼는 경우를 볼 수 있습니다. 이것은 메틸로박테리움속이나 세라티아속의 세균일 가능성이 높습니다. 이 세균들은 붉은색의 색소를 생성하므로 다른 세균과 구분이 됩니다. 자연계에 널리 퍼져 있고 건강한 사람에게는 질병을 일으키지 않지만 상처가 있거나 면역력이 약화된 사람은 주의해야 합니다. 물때가 껴서 미끌미끌한 경우 이 두 가지 세균 외에도 많이 발견되는 것은 아시네토박터속의 균들입니다. 이 중 아시네토박터 바우만니의 경우, 3가지 이상의 항생제에 내성을 가진 슈퍼 박테리아가 되어 심각한 문제가 되기도 했습니다. 이런 균들은 깨끗이 청소해 제거하되 살균 소독제를 사용하면 손쉽게 제거할 수 있습니다.
대표 식중독균	대장균 *Escherichia coli (E. coli)* 콜레라균 *Vibrio cholerae* 황색포도알균 *Staphylococcus aureus* 살모넬라균 Salmonella spp. 바실러스균 *Bacillus cereus*	식중독균에 오염된 물이나 음식을 먹으면 식중독에 걸리는데, 이런 원인이 되는 대표적인 세균 다섯 가지를 뽑았습니다. 1. **대장균** : 사람이나 동물의 장내에 기생하는 세균으로 대장에 많기 때문에 대장균으로 부릅니다. 대장균은 분변 오염의 지표로 사용되며 대장균이 발견되었다는 것은 위생 상태가 좋지 않다는 것을 의미합니다. 가장 유명한 식중독을 일으키는 대장균으로는 '대장균O-157'이 있습니다. 2. **콜레라균** : 콜레라를 일으키는 원인균으로 수도 시설이 낙후된 지역에서 오염된 물을 마심으로써 감염이 일어납니다. 콜레라 독소에 의한 대량 설사를 유발하므로 탈수에 의한 쇼크로 사망에 이를 수 있습니다. 따라서 물은 반드시 끓여 먹고 음식물 섭취 전이나 배변 후에는 손을 깨끗이 씻어야 합니다. 3. **황색포도알균** : 황색포도알균은 군집을 이루는 균의 모양이 포도송이를 닮아 붙여졌습니다. 황색포도알균은 인간이나 동물의 피부, 소화관에 상재하는 포도알균의 하나로 인간에게 농양 등 다양한 표피 감염, 식중독, 폐렴, 수막염, 패혈증 등을 일으키는 원인균입니다. 4. **살모렐라균** : 오염된 물이나 음식 또는 살모넬라균에 감염된 동물이나 그 주변 환경에 접촉하여 감염됩니다. 발열, 구토, 설사, 등의 식중독 증상을 나타냅니다. 5. **셀레우스균** : 토양이나 하수 또는 공기 등 자연계에 널리 분포하여 오염된 음식을 통해 전파되며 이 세균은 열에 안정한 독소를 생산해 식중독을 일으킵니다. 증상으로는 구토와 복통이 일어나는데 그중 설사는 약 30% 환자에서 발생합니다.

2

음식 위생의 시작 주방 위생

인간 생활의 3대 요소 중 하나인 '식(食)'이 시작되는 곳인 주방은 가족의 건강과 직결되기에 세심한 관리가 필요합니다. 여름철에는 고온다습한 날씨로 각종 세균이 활발히 번식하기 때문에 더욱 신경을 써야 합니다. 자칫 방심하는 순간, 주방은 식중독균의 온상이 되어 온 가족이 식중독, 장염 등 세균성 장내 질환에 걸릴 수 있습니다.

식재료 관리에는 주의를 기울이지만, 설거지나 주방 위생에는 소홀하기 쉽습니다. 식중독은 상한 음식으로 발병하지만, 설거지가 제대로 되지 않은 그릇이나 평소 위생에 신경 쓰지 못했던 주방 도구를 통해서도 감염될 수 있습니다.

세계보건기구WHO 자료에 따르면 실제 식중독의 약 25%는 주방 도구에서 균이 옮겨져 발생한 것으로 나타났습니다. 주방 도구 사용 시 발생할 수 있는 교차오염 때문입니다. 교차 오염이란 식품의 제조, 가공, 유통 등의 과정에서 오염되는 모든 것을 의미합니다. 예를 들어 닭고기를 손질한 칼과 도마로 과일을 깎고 이를 곧바로 섭취했을 경우 발생할 수 있습니다. 닭고기에 있는 기생충, 살모넬라균 등이 과일로 옮겨가고, 비가열 조리식품인 과채류가 체내로 직접 유입되어 식중독이 발생하는 것이 일반적입니다. 그렇기 때문에 육류, 채소, 과일별 도마와 칼을 각각 다르게 쓰고, 이를 구분하기 위해 색을 달리해 사용하는 것을 권장하며, 사용 후 살균 소독을 통해 혹시나 잔류해 있는 균들을 제거하는 것이 확실한 방제 방법이 될 수 있습니다.

또 행주나 수세미 역시 오염되기 쉽습니다. 가정 내 주방의 미생물 오염도 실태 조사 결과를 보면 조사 가정의 94% 이상에서 행주, 도마, 냉장고 등에서 대장균, 황색포도알균 등이 검출되었습니다. 물로 적절히 헹구면 깨끗해질 거라 생각하지만, 물로 3회 이상 헹궈도 대부분의 균은 남아 있습니다. 그러니 주방 도구 역시 충분한 관리를 통해 청결한 상태를 유지하는 것이 중요합니다. 올바르게 관리하지 못하면 곰팡이나 세균이 남아 음식까지 침투해 건강을 위협할 수 있습니다.

1) 주방 청결의 기본은 제대로 된 설거지부터

우리가 음식을 먹을 때는 아주 즐겁지만, 이후 설거지는 귀찮고 꺼려집니다. 그렇다 보니 설거지를 대충할 때가 있습니다. 하지만 설거지가 제대로 되지 않으면 세균 번식 우려가 있습니다. 주방 청결의 기본은 바로 설거지입니다. 정확하고 제대로 된 설거지 방법을 익혀두는 것이 무엇보다 중요합니다.

사용한 그릇 물에 오래 담가두지 않기

식사를 마친 뒤 곧바로 설거지하기 어려워 그릇들을 모아서 물에 담가놓는 경우가 많습니다. 이렇게 물에 담가놓으면 농도가 흐려지고 염분이 낮아지면서 세균이 번식하기 좋은 환경이 되어 금세 세균이 번식을 시작합니다. 5시간 정도 담가두게 되면 세균이 기하급수적으로 증가하는데, 이미 그릇 전체가 세균에 오염된 것과 같습니다.

그릇에 눌어붙은 음식물 때문에 사용한 그릇을 어쩔 수 없이 물에 담가야 하는 경우가 있는데, 물에 오래 불릴수록 음식물 찌꺼기를 닦아내기는 쉽지만 미생물은 반대로 더 늘어납니다. 오랜 시간 물에 담가두지 말고 다른 그릇들을 씻는 동안만 따뜻한 물에 불려 최대한 빠르게 설거지를 마쳐주세요.

세제 사용 후 충분히 헹구기

아이가 있는 가정에서는 주방 세제 하나도 성분을 꼼꼼하게 따져서 선택합니다. 하지만 성분보다 중요한 것은 헹굼입니다. 흐르는 물에 최소 3번 이상 헹구어 세제가 남지 않도록 하는 것이 좋습니다. 대충 헹구면 그릇에 세제가 남을 수 있습니다. 깨끗한 행주나 수세미로 닦으면서 헹구면 세제가 좀 더 효과적으로 제거됩니다.

잔류 세제량을 조사한 결과에 따르면 하루 세끼를 뚝배기, 프라이팬, 유리 용기, 플라스틱 용기를 1개씩 사용한다고 가정하고 헹굼을 7초간 한다는 조건에서 우리가 1년 동안 섭취하는 잔류 세제량은 약 736mg이라고 합니다. 따라서 덜 헹군다면 그 양은 당연히 많아집니다. 우리가 사용법을 잘 안다고 생각하고 눈여겨보지 않지만, 세제 통 뒤에는 세제 사용기준 및 방법이 표기되어 있습니다. 흐르는 물에 세척 시 식기류는 5초 이상 씻어 헹궈야 하고 흐르지 않는 물을 사용할 때는 물을 교환하여 2회 이상 씻어야 합니다. 또한 표준 사용량도 제시되어 있는데 대부분의 제품은 물 1L에 1.5~2ml가 표준 사용량입니다. 간혹 세제를 표준 사용량보다 많이 사용하는 분들도 있는데 적은 양으로도 충분하니 반드시 표준 사용량을 확인하시기 바랍니다.

설거지 후에는 그릇 완벽하게 말리기

습도가 높은 장마철에는 설거지 후 그릇이나 주방도구에 물기가 남아 있는 채로 방치되는 경우가 있습니다. 물기는 세균과 벌레 번식에 좋은 조건이 되므로 주의하시기 바랍니다. 물기가 완전히 마를 수 있게 건조대에 거꾸로 엎어두거나 마른행주로 잘 닦아주세요. 세균이나 벌레는 물이 없으면 살아남지 못합니다. 따라서 완벽하게 건조하는 것이 중요합니다.

2) 주요 세균 번식처를 확인하세요

주방 위생에서 설거지만큼 중요한 것이 주방 도구 관리입니다. 식중독을 예방하기 위해 주방 도구 역시 철저한 소독과 관리가 필요합니다. 칼, 도마, 행주, 수세미 등은 매일 사용하지만 구석구석 숨은 세균까지 말끔히 씻어내기란 쉽지 않습니다. 이런 도구들을 세척하려면 어떻게 해야 할까요?

도마와 칼

주방에서 가장 빈번하게 사용하는 도구는 도마와 칼입니다. 혹시 도마에 세균이 득실거린다는 이야기를 들어본 적 있나요? 실제로 도마에서 나오는 박테리아가 변기보다 약 200배 더 많다는 조사 결과도 있습니다. 사실 이런 종류의 조사에서는 항상 변기와 오염도를 비교하는데, 대개는 변기가 더 깨끗한 결과를 자주 볼 수 있습니다. 아이러니하게도 더럽다고 생각하는 곳은 정기적으로 자주 관리하기 때문에 더 청결하게 유지된다는 사실을 알 수 있습니다.

생선이나 고기를 자르는 데 사용한 도마는 잘 세척하지 않으면 비브리오균[Vibrio species]이나 살모넬라균, 곰팡이의 온상이 되기 쉽습니다. 또한 도마는 식재료의 종류에 따라 구분해 사용해야 세균 증식과 이차 감염을 예방할 수 있습니다.

도마는 대부분의 식재료가 거쳐가지만 물기에 자주 노출되니 깨끗하다고 생각해 대충 세척하는 경우가 많아 세균이 생길 확률이 매우 높습니다. 도마를 세척할 때는 흐르는 물에 세제를 사용해 부드러운 솔로 닦아주는 것이 좋습니다. 도마는 잦은 칼질로 인해 미세한 틈이 많은데, 이 틈새로 음식물이 끼어 세균이 번식하기 쉽습니다. 홈이 파이거나 칼자국이 난 곳은 수세미로 문질러 닦은 후 80℃ 이상의 뜨거운 물을 부어 마무리합니다. 홈이 깊이 파이거나 칼자국이 많이 났다면 도마를 교체하는 것을 추천합니다.

살균할 때는 알코올 성분의 곡물 발효 주방용 살균제(70% 에탄올 살균제)를 사용하거나 햇빛이 잘 드는 곳에서 일광 소독을 하면 좋습니다. 식초를 사용해 살균하기도 하는데 비린내를 잡는 효과가 있지만 살균 효과는 약하므로 주방용 살균제로 살균하고 물로 헹구어 줍니다. 살균한 도마는 통풍 잘 되는 곳에서 건조시킵니다. 플라스틱 도마는 햇빛에 잘 말리면 보기 흉한 김치 얼룩이 없어지는 탈색 효과까지 얻을 수 있습니다. 또 실리콘 도마는 물로 씻은 후 젖은 상태로 전자레인지에 넣고 2~3분간 돌려 살균한 뒤 흐르는 물에 헹군 다음 건조하면 됩니다.

나무 도마 세척 방법

나무 도마는 사용 즉시 씻어 오염물을 제거하되 너무 뜨거운 물을 사용하지 않도록 합니다. 또한 나무는 습기에 약하므로 물에 담가두는 것은 추천하지 않습니다. 락스 사용은 탈색을 주의해야 하며 비린내를 잡기 위해서는 식초나 레몬을 사용하는 것이 좋습니다.

미세한 틈새에 낀 오염물을 제거할 때는 소금 단독으로 또는 구연산 분말과 소금을 1:1 비율로 섞어 닦아준 후 흐르는 물에 잘 씻어줍니다. 다만 너무 굵은 소금으로 세게 문지르면 나무 도마에 흠집을 낼 수 있기에 가는 소금 사용을 추천합니다. 살균할 경우 도마 세척 후 곡물 발효 살균제(70% 에탄올 살균 소독제)를 뿌리고 10분 뒤 헹궈주세요. 마른행주로 도마의 물기를 제거한 뒤 직사광선이 없고 바람이 잘 통하는 곳에서 완벽하게 말리고 올리브유를 한 숟가락 덜어 도마에 골고루 묻혀주면 코팅 효과를 볼 수 있습니다.

칼 역시 음식에 닿는 빈도가 높은 만큼 주기적인 소독이 필요합니다. 칼을 일정 기간 사용하면 칼과 손잡이 사이에 때가 끼고 세균이 침투할 수 있습니다. 이 경계 부분은 수세미가 닿기 어려워 세척이 쉽지 않습니다. 칫솔에 세제를 묻혀서 살살 닦아주고 여러 번 물로 잘 헹궈주면 됩니다.

칼날 부분에 흠집이 생겼을 경우 세균 번식 위험이 있으므로 교체하는 것이 좋습니다. 손잡이 부분 역시 세균이 번식하기 쉬우므로 신경 써서 세척해야 합니다. 칼 역시 도마와 마찬가지로 곡물 발효 살균제(70% 에탄올 살균 소독제)로 살균을 하시면 됩니다. 세척 후에는 햇볕에서 건조하면 되는데 물기가 남아 있으면 세균 번식 우려가 있으므로 완벽하게 건조해주는 것이 중요합니다.

최근에는 UV LED 열풍으로 칼과 도마를 깨끗하게 살균해 준다는 소형 가전 제품도 있습니다. 하지만 내부를 청소하기 어려운 구조이므로 먼지나 미생물 오염을 주의해야 합니다.

수세미와 행주

주방에서 칼, 도마만큼 많이 사용하는 도구가 수세미와 행주입니다. 이 두 가지는 자칫 관리를 소홀히 하면 '세균 배양실'이 될 수 있습니다. 물이 마르기 전에 사용해야 하다 보니 늘 습한 상태이고, 음식물 찌꺼기도 곳곳에 달라붙어 있어 수세미나 행주에 여러 가지 세균이 존재하는 것은 어쩌면 당연한 일입니다.

수세미에 남아 있는 주방 세제는 세균의 영양분이 되어 세균이 번식할 우려가 있습니다. 설거지를 끝낸 수세미는 잘 빨아 헹구어서 걸어두기만 해도 건조가 잘 되어 세균 증식이 억제되니 걸어두고 사용하는 것을 권합니다. 조금 더 깨끗하게 관리하고 싶다면 세제로 비벼 빨아 여러 번 헹구어 세제와 음식물 찌꺼기가 남아 있지 않도록 하고, 끓는 물을 부어 다시 헹군 후 햇볕이 들고 통풍이 잘 되는 곳에 걸어서 말려주세요. 수세미는 식기나 그릇을 닦고 세척하기에 어떤 도구보다 교체 시기를 잘 지켜야 합니다. 간혹 깨끗하게 관리하면 오래 사용해도 괜찮지 않나 생각할 수 있지만, 수세미는 세균 번식이 쉽기에 주기적으로 교체해야 합니다. 사용 목적이나 횟수에 따라 차이는 있지만 관련 업체들은 1개월 간격으로 교체를 권장합니다. 오염이 심하거나 원단이 마모되어 뭉개져 보이기 전에 교체하는 것이 좋습니다.

수세미처럼 행주 역시 제대로 말리지 않고 사용하는 경우가 많아 세균이 번식하기 쉽습니다. 오염된 젖은 행주는 상한 음식만큼이나 위험합니다. 일반 가정의 행주를 조사한 결과를 보면 94% 이상의 행주에서 대장균군이 존재하고 황색포도알균이나 리스테리아^{Listeria}나 살모넬라균이 발견되기도 합니다. 그런데 젖은 행주가 오염된 채 방치되면 세균은 하룻밤 새 100만 배 이상 자라게 됩니다. 더 무서운 건 이러한 균들이 식중독이나 장내 합병증 등 다른 질병을 일으킨다는 사실입니다. 그러니 행주를 청결하게 소독, 관리하는 것이 무엇보다 중요합니다. 행주는 하루에 한 번 끓는 물에 최소 10분 이상 삶아서 소독하는 것이 중요합니다. 이후 햇빛이 들고 바람이 잘 통하는 곳에서 완벽하게 말려 재사용해야 합니다. 햇빛이 잘 드는 곳에 널어두면 행주 속에 남아 있던 균까지 완벽하게 소독할 수 있습니다.

만약 삶는 과정이 번거롭다면 전자레인지를 활용하면 됩니다. 깨끗한 물에 행주를 적신 후 8분간 돌려줍니다. 박테리아와 바이러스는 물론 기생충까지 없앨 수 있습니다. 이후 통풍이 잘 되는 곳에서 건조하면 세균에 노출되는 위험성이 적어집니다. 수세미와 마찬가지로 행주 역시 용도에 맞게 나누어 사용하는 것이 훨씬 위생적입니다.

고무장갑

고무장갑 역시 대표적인 주방 필수품입니다. 표면이 잘 마르기에 세균이 적다고 생각하기 쉽지만 실제론 그렇지 않습니다. 사용 후 한 달이 지난 고무장갑에서 무려 8만 개 이상의 세균이 검출되었다는 내용이 한 방송에서 보도된 적 있습니다. 고무장갑 내부에 물이라도 들어가면 고무장갑에서 악취가 발생하는데, 원인은 습도가 높은 고무장갑에서 황색포도알균 같은 세균이 번식해 냄새를 유발하는 성분을 뿜어내기 때문입니다. 이 냄새는 여간해선 잘 사라지지 않아 불쾌하기까지 합니다.

우리는 흔히 설거지를 마치고 고무장갑을 벗으면 의식적으로 손을 씻습니다. 설거지하면서 손에 습기가 차다 보니 끕끕하고, 쉰 냄새가 손에 묻어나오는 기분이 들어 불쾌하기 때문입니다. 하지만 고무장갑을 벗은 후는 물론이고 착용 전에도 손을 먼저 씻으면 훨씬 위생적입니다.

고무장갑을 세척할 때는 주방 세제나 손 세정제로 먼저 겉을 세척한 후 다시 뒤집어 세척해주세요. 그리고 깨끗한 물로 헹군 후 뒤집어서 꼼꼼히 건조해주면 냄새도 없어집니다. 고무장갑은 햇볕을 많이 받으면 약해질 수 있기에 직사광선을 피해 통풍이 잘 되는 곳에 말려줍니다. 마지막으로 고무장갑 역시 주기적인 교체가 필요합니다. 고무장갑은 구멍이 날 때까지 계속 사용하는 경우가 많은데 이는 피부와 위생에 좋지 않습니다. 구멍이 나지 않더라도 최소 한 달에 한 번 교체하는 것이 좋습니다.

간혹 고무장갑을 끼고 집안일을 하면 답답해서 맨손으로 합니다. 우리 손은 물과 세제 등에 지속적으로 노출되면 가려움증과 진물, 따가움 등이 생기면서 습진이나 접촉성 피부염으로 고생할 수 있습니다. 무엇보다 세제의 계면 활성제 성분이 내 손에 직접 닿으면 손이 건조해지고 자극이 됩니다. 설거지나 집안일을 할 때는 가급적 고무장갑 사용을 권합니다.

3) 주방 위생의 마지막은 음식물 쓰레기 처리

음식물 쓰레기는 악취뿐 아니라 벌레들까지 꼬이게 합니다. 음식물 쓰레기 주위에 벌레가 꼬여 불쾌했던 기억이 한 번쯤은 있을 겁니다. 그중 초파리들이 엄청나게 기승을 부리는데 초파리는 주로 음식물 쓰레기나 지저분한 곳 주변에서 잘 생깁니다. 1km 밖에서도 냄새를 맡을 수 있는 초파리는 당분을 잘 찾아내는 능력이 발달해 바나나, 수박, 사과 등 과일을 굉장히 좋아합니다. 팜클 실험실에서도 초파리를 키우는 데 초파리 성충은 수 시간마다 여러 개의 알을 낳을 수 있으며 하루에 100개까지도 알을 낳을 수 있습니다. 알은 1~2일이면 부화하고 조건이 좋으면 일주일 만에 성충이 됩니다. 초파리 수명은 조건에 따라 다르지만 실험실에서는 대략 1개월로 관찰되며 실제 환경에서는 2주에서 한 달 정도 살 것으로 예상합니다.

문을 다 닫아놓았는데도 지속적으로 초파리가 생긴다면 주방 탁자에 놓인 과일과 음식물 쓰레기를 다 없애야 합니다. 주로 초파리 알은 사람 눈에 보이지 않은 채 과일 등에 묻어 시중에서 유통되어, 집 안으로 자연스레 들어오게 됩니다. 알이 우화하기 적절한 온도가 되었을 때, 초파리들은 순차적으로 깨어납니다. 초파리는 크기가 작을 뿐이지 파리와 동일하게 오염원을 여기저기 옮길 수 있어 위생에 안 좋은 영향을 끼칩니다.

여름철에는 음식물 쓰레기에서 악취가 심해질 뿐 아니라 초파리와 각종 벌레가 들끓기에 절대 방치해서는 안됩니다. 음식물 쓰레기 발생을 원천적으로 차단할 수 없다면, 적극적으로 관리하여 집 안 환경을 쾌적하게 만들어야 합니다. 음식물 쓰레기, 어떻게 관리하는 것이 좋을까요?

최대한 빨리 버려주세요

수많은 집안일을 하다 보면 음식물 쓰레기를 버리는 일은 가장 마지막으로 미루게 됩니다. 집안일에도 분명 우선순위가 있습니다. 당장 해야 할 일과 조금 미룰 수 있는 일을 정해야 하는데 위생의 기준에서 봤을 때 그 기준은 세균이 얼마나 빨리 번식하느냐로 우선순위를 정해야 합니다. 예를 들어 청소기는 이틀에 한 번 돌려도 되고, 심하게 오염된 빨래가 아니라면 조금 늦춰도 됩니다. 또 머리카락이나 먼지는 조금 늦게 치워도 세균이나 벌레가 엄청난 속도로 번식하지는 않습니다. 하지만 음식물 쓰레기는 어떨까요? 바로 치우지 않으면 그 자체로 끝나지 않고 기하급수적으로 세균이 번식합니다. 음식물 속 세균은 살균제를 쓰지 않는 이상 당장 번식하기에 바로 버려야 합니다.

세균 관리가 필수인 식품 제조업체 공장 같은 곳에서는 쓰레기통을 4시간마다 비웁니다. 가정에서도 마찬가지입니다. 흘린 음식물 또한 바로바로 처리해주세요. 이를 방치하거나 대충 닦아내면 벌레도 부르고 세균도 번식시킵니다. 모든 벌레는 지저분한 곳에서부터 생깁니다. 해충이 생기기 딱 좋은 환경이기 때문입니다.

음식물 쓰레기를 방치하는 것은 벌레를 유인하는 것과 같습니다. 우리나라는 2013년부터 음식물 쓰레기를 전용 봉투 혹은 용기에 버리도록 의무화하고 있습니다. 요즘엔 가정에서 여러 가지 형태의 음식물 쓰레기 건조기를 사용하는 분도 많습니다. 어떤 방법이든 좋습니다. 덥고 습한 여름철에는 음식물 쓰레기를 바로바로 처리하는 것이 좋습니다.

빨리 버릴 수 없다면 차선책은

여러 사정상 쓰레기를 곧바로 버리기 어렵다면 어떻게 해야 할까요? 이럴 때 세균 번식을 조금이라도 억제하는 것이 좋습니다. 세균은 온도, 물(수분), 영양분, 산도(pH) 4가지 조건이 충족되면 번식합니다. 다만 이 중 하나라도 부족하면 세균은 번식 속도가 느려집니다.

이 중 가장 손쉽게 할 수 있는 방법은 음식물 쓰레기에서 수분(물기)을 제거하는 것입니다. 음식물 쓰레기를 버릴 때 뚝뚝 떨어지는 물은 불쾌한 기분과 함께 심한 악취를 발생시킵니다. 그러니 수분이 남아 있는 채소의 껍질이나 뿌리 등은 물기를 깔끔하게 제거한 후 음식물 쓰레기 봉투에 넣어주고, 수분이 많은 과일 껍질은 햇볕에 말려 버리면 악취 예방과 함께 부피까지 줄일 수 있습니다.

음식물 쓰레기를 버리는 것만큼 중요한 일은 바로 음식물 쓰레기통 청소입니다. 전용 통에 이물질이 묻어 있으면 초파리도 엄청나게 생길 수 있습니다. 음식물 쓰레기통은 일주일에 1회는 완전히 분리해 뜨거운 물로 세척한 후 완전히 건조해 사용하는 것이 좋습니다. 만약 살균하고 싶다면 70% 에탄올 살균 소독제 같은 성분의 주방용 살균제를 충분히 젖을 때까지 뿌리고 10분 정도 후에 깨끗한 물로 헹구면 됩니다.

마지막으로 악취도 피하고 벌레도 꼬이지 않아서 관리가 편하다는 이유로 음식물 쓰레기를 냉동실에 보관하는 분들이 있습니다. 이는 경우에 따라 매우 위험한 행동입니다. 음식물 쓰레기가 세균에 오염이 되었거나 부패된 경우 등을 가정하면 절대 하지 말아야 할 행동입니다.

냉동실에서 균은 완전히 죽지 않습니다. 실험실에서 균을 보관할 때 영하 20℃나 영하 80℃에 저장해두고 필요할 때 꺼내 사용합니다. 즉 단순히 온도를 낮추는 것만으로는 균을 죽일 수 없습니다. 음식물 쓰레기의 부패를 방지하려고 냉동실에 넣으면 그 성장이 느려질 수는 있으나 죽이기 어렵습니다. 특히나 저온에서 자라는 균들은 계속 증식할 수 있습니다. 또한 냉동실 내 다른 식품에 세균이 퍼져 교차 오염을 일으킬 가능성이 상당히 높습니다. 냉장고는 음식을 보관하는 곳이니 음식만 넣어야 합니다.

곧바로 음식물 쓰레기를 처리하기 어려울 때는 상온에서 음식물 쓰레기봉투나 전용 통에 살충제와 살균제를 살짝 뿌려두면 세균 번식과 벌레 꼬임을 지연시킬 수 있습니다. 간혹 악취와 벌레를 예방하기 위해 음식물 쓰레기봉투나 전용 통에 식초를 뿌리기도 하는데 이는 되레 초파리를 유인할 수 있으므로 피해야 합니다.

3

세균 저장고가 된 냉장고 위생

냉장고는 1년 365일 24시간 내내 쉬지 않고 작동하면서 우리 가족의 건강을 책임지는 기특한 제품입니다. 냉장고에 음식과 식재료를 보관하면 신선도가 오래 유지되고, 보존 기간이 늘어나며 미생물 증식도 억제할 수 있습니다. 하지만 제대로 관리하지 않으면 각종 세균과 바이러스는 물론 식중독, 설사병에 노출될 수 있습니다. 냉장고는 그 위험성이 잘 알려지지 않았을 뿐 여름철 식중독의 주범이기도 합니다.

1) 냉장고가 변기보다 더럽다고요?

우리가 생활하는 집은 보이지 않는 세균의 놀이터라고 불릴 만큼 곳곳에 세균이 많습니다. 냉장고도 예외는 아닙니다. 여러 조사에서 보듯이 냉장고에는 일반 세균은 물론 황색포도알균, 살모넬라나 리스테리아 같은 병원성 세균이 존재합니다. 냉장고가 오염되면 위생 기준치보다 한참 웃도는 수치를 볼 수 있습니다. 심지어 변기보다 높은 수치를 자주 보게 되는데, 이런 조사는 항상 변기와 비교를 하니 우스갯소리로 세상에서 변기가 제일 깨끗한 것 같은 착각을 하게 됩니다.

세균은 영양분과 수분, 온도가 적당하면 2시간 만에 기하급수적으로 증가할 수 있고, 이 중 하나라도 부족하면 증식이 더뎌집니다. 항상 동일한 온도가 유지되는 냉장고는 세균으로부터 안전하리라 여기지만, 냉장고 내에서도 세균이 충분히 번식할 수 있습니다. 그런데 냉장고에서 왜 세균이 번식하는 걸까요?

세균은 활동하는 온도에 따라 고온균, 중온균, 저온균으로 구분합니다. 고온균은 45~60℃에서, 중온균은 25~40℃, 저온균은 10~20℃에서 활발히 활동하고 번식합니다. 사람들에게 병을 일으키는 대부분의 병원균은 중온균에 속합니다. 대부분의 곰팡이나 효모 또한 중온균 성질에 가깝습니다. 중온균의 최고 증식 적기가 여름철 상온과 비슷하기에 여름철 실내에 둔 음식물이 금방 상하는 것입니다.

이때 냉장고는 온도를 낮게 유지해 균들이 생장하기 힘든 조건을 만들어줍니다. 중온균의 활동이 억제되는 온도는 10~15℃, 저온균의 활동이 억제되는 온도는 영하 5~10℃입니다. 다만 이 온도는 세균이 죽는 온도가 아니고, 번식이 더뎌지고 활동이 저하되는 온도일 뿐입니다. 세균이 활동하지 않는 듯하지만, 낮은 온도에서도 천천히 번식하고 있습니다. 방치된 냉장고

속 우유가 상하거나, 김치에 골마지가 끼는 것은 이러한 이유에서입니다.

대개 가정집 냉장고의 온도는 냉장실 5℃ 이하, 냉동실은 -18℃ 이하로 설정되어 있습니다. 하지만 이 온도는 우리가 냉장고를 어떻게 이용하고 관리하느냐에 따라 달라집니다.

설정 온도보다 냉장고 내부 온도가 올라가거나 외부에서 세균이 침입하면 몇 시간만 지나도 냉장고 내부는 세균이 수백만 마리까지 증식할 수 있습니다. 즉 냉장고는 유해 미생물의 활동을 정지시키거나 저하시킬 수는 있지만 세균의 증식을 완전히 막지는 못합니다.

영하 15℃ 정도에서 세균의 활동이 정지된다고 하지만 냉동실도 100% 안전하지는 않습니다. 그저 정지했을 뿐, 온도가 다시 올라간다면 언제든 다시 증식할 수 있습니다.

오히려 낮은 온도에서만 증식하는 균들도 있습니다. 대표적인 것인 리스테리아균인데요. 이 균은 영하의 온도와 4℃ 정도의 냉장 온도에서 증식이 가능합니다. 아이스크림과 같은 냉동식품뿐 아니라 육류와 어패류, 유가공품, 채소 등에서 증식하다 사람에게 전파되어 식중독을 유발합니다.

해외에서는 냉동식품으로 인한 식중독 사망 사건이 종종 일어납니다. 최근 2022년 7월 13일자 <뉴욕타임스>에 실린 기사에도 리스테리아균 오염으로 인한 사망사고로 미국 플로리다 아이스크림 회사 빅올라프크리머리Big Olaf Creamery에서 대규모 리콜 사태가 일어났다는 뉴스가 있었습니다. 북미 대륙과 유럽에서는 1980년대 이후 리스테리아 식중독과 이로 인한 사망사고가 꾸준히 보고되고 있지만 다행히 우리나라는 아직까지 이와 관련해 보고된 사례는 없습니다.

음식물을 보관하는 냉장고는 일상생활에 꼭 필요한 필수 가전입니다. 하지만 제대로 관리하지 않는다면 세균 번식이 일어날 수 있기에 주의가 필요합니다. 냉장고는 세균 증식과 음식이 상하는 속도를 늦출 뿐 오랫동안 안전하게 보관하는 데에는 한계가 있습니다. 그러니 '냉장고에 넣어두면 괜찮겠지'하는 생각은 금물입니다. 냉장고는 식품을 저장하는 창고가 아니라 잠깐 맡기는 보관소입니다. 냉장고는 '만능'이 아님을 꼭 기억해주세요.

<식재료 적정 보관 온도 및 기간>

출처: 세스코 푸드

2) 한 달에 한 번은 청소해주세요

냉장고 속 세균 번식을 막으려면 어떻게 해야 할까요? 가장 좋은 방법은 주기적으로 청소하는 것입니다. 대개 선반에 오염물이 묻으면 물티슈로 대충 닦습니다. 그렇다고 세균이 없어지는 것은 아닙니다. 물티슈로 문지르면서 오염을 퍼트리기도 합니다. 그럼 냉장고 청소는 어떻게 진행하는 것이 효과적일까요?

냉장고 청소는 먼저 전원 플러그를 뽑고, 음식물을 바깥으로 모두 빼야 합니다. 이때 냉동식품은 아이스박스에 따로 보관해둡니다. 냉장고 안의 선반과 포켓들을 분리해 깔끔하게 세척하고 냉장고 내부는 주방 세제를 적당히 묻힌 행주로 골고루 닦아 오염물을 없애줍니다. 이후 깨끗한 행주로 닦고 마른걸레로 마무리합니다. 이때 70% 에탄올 살균 소독제가 있으면 묻혀서 살균까지 해주면 더 좋습니다. 냉장고 외부 손잡이와 홈바 손잡이 부분도 꼭 함께 닦아줍니다. 세척된 선반 등의 집기들은 마른 수건으로 닦거나 발코니의 햇살에 말려줍니다. 냉장고 문 고무 패킹은 칫솔로 문지르거나 면봉을 이용해서 오염물을 제거한 뒤 70% 에탄올 살균 소독제를 이용해서 닦아줍니다. 고무 패킹 부분에 오염물이 있으면 냉장고 문이 제대로 닫히지 않아 냉장고가 일정한 온도를 유지할 수 없게 되니 완벽하게 제거합니다.

냉장고 내부를 들여다보면 냉동식품과 먹다 남은 각종 소스류, 반찬으로 가득합니다. 또 유통기한이 지나거나 부패한 음식들도 간간이 있습니다. 이런 음식들을 제때 정리하지 않으면 곰팡이와 세균이 번식하고 다른 식재료에도 번식해 식중독에 감염될 수 있습니다. 번거롭고 힘들더라도 가족 건강을 위해 식재료를 주기적으로 정리하고 식품 첨가물로 허가

된 알코올 성분의 살균제로 구석구석 청소해주세요. 또 한꺼번에 냉장고 전체를 청소하기보다는 일별로 청소 구역을 정해서 조금씩 정리하면 좀 더 수월하게 청소할 수 있습니다.

전문가들은 청결한 냉장고 관리를 위해서는 최소 보름에 한 번 청소를 권하고 있습니다. 하지만 살림을 하다 보면 쉽지 않은 일입니다. 사정상 자주 청소하기 힘들다면 냉장고 선반에 투명 깔개나 종이를 깔아두고 사용하는 것을 추천합니다. 오염물이 묻으면 새로운 종이로 교체해 보다 편안하게 세균 관리를 할 수 있습니다.

3) 건강한 냉장고 관리법

주변에 보면 어떤 분들은 몇 년 주기로 냉장고가 고장 나서 바꾸지만, 10년 이상 고장 없이 잘 사용하는 분들도 있습니다. 이들의 차이는 평소 사용하는 습관에 달려 있습니다. 평소에 냉장고를 어떻게 유지 관리하느냐에 따라 교체 주기가 달라질 수 있습니다.

냉장고 적정 온도 맞추기

냉장고 적정 온도를 맞춰주면 무차별적인 세균 번식을 막을 수 있습니다. 냉장고 온도는 처음에 맞춰놓으면 그대로 유지하는 경우가 대부분입니다. 냉장고 온도는 계절이나 식재료에 따라서 달라질 수 있습니다. 계절이 바뀌면 한 번씩 적정 온도를 확인하고 조절해주세요. 특히 여름철은 냉장고 문이 쉴 틈 없이 계속 열려 내부 온도가 변합니다. 적정 온도에서 벗어나면 음식이 상해 세균 증식이 쉬워지기에 여름철에는 평소보다 2~3℃ 낮게 설정해 냉장실 온도는 2℃ 이하, 냉동실 온도는 영하 18℃가 유지될 수 있도록 확인해주세요.

보관 용량은 70% 이하로 유지하기

과도하게 음식물을 꽉 채워두면 냉장고 안쪽 냉기가 순환되지 않습니다. 그러면 내부에 온도 차이가 생기고, 내부 세균 번식으로 이어질 수 있습니다. 냉장고는 전체 공간 중 약 70%만 채우는 것이 좋습니다. 나머지 30%는 비워서 공간을 확보하면 낭비되는 음식도 줄이고, 냉장고 효율도 높일 수 있습니다.

뜨거운 음식은 충분히 식혀서 보관하기

조리한 음식을 냉각하는 경우, 최초 2시간 동안 21~60℃ 정도로 식힌 뒤 냉장고에 넣으면 됩니다. 만져봤을 때 충분히 식은 것을 확인하면 되는데, 뚜껑을 열었을 때 김이 올라오지 않는 정도가 되어야 합니다. 뜨거운 상태로 넣으면 냉장고 내부 온도가 올라가고 주변 음식들의 온도도 높여서 세균 증식을 촉진할 수 있습니다. 더욱 중요한 것은 갑작스러운 온도 차로 그릇 벽면에 물방울이 생기면 냉장고 내벽 등에 묻은 세균과 합쳐져 다른 식품을 오염시킬 수 있습니다.

남은 음식도 반드시 가열 후 식혀서 보관하기

식사 후 찌개나 국이 남은 경우에는 어떻게 보관해야 할까요? 우리의 침, 수저 등이 한 번이라도 닿았던 음식은 오염됐을 가능성이 매우 높습니다. 그 상태로 냉장고에 보관하면 내부에서 계속 세균이 번식하는 것은 물론 다른 음식에 오염이 확산됩니다. 그러니 식사 후 남은 음식(찌개, 국, 간이 세지 않은 음식)은 반드시 재가열 후 식혀서 냉장고에 보관하도록 합니다.

음식 보관할 때 식품 구분하기 - 밀폐하기

냉장고에 음식을 보관할 때 반드시 조리 식품과 비조리 식품을 구분하여 보관합니다. 특히 고기의 침출액 같은 것이 새어 나오지 않게 밀폐 용기에 넣어 보관하여 다른 식품이 오염되지 않게 해야 합니다. 밀폐하지 않은 채 냉장고에 음식을 보관하면 냉장고 전체가 세균에 노출되는 것은 물론 냉장고 냄새가 음식에 밸 수 있습니다. 특히 고기류는 쉽게 상하기에 1회분씩 나누어 밀폐 용기나 지퍼백에 넣어 보관합니다.

위생적인 냉동식품 해동법

냉동식품은 냉장고나 흐르는 물에 해동하는 것이 가장 좋고 시간이 없을 경우 전자레인지로 최대한 빠르게 해동해주세요. 상온에 두거나 따뜻한 물에 담가 해동하면 세균이 자라는 최적의 조건이 되므로 피해야 합니다. 하지만 전자레인지와 같이 갑작스러운 해동 과정은 식품의 온도를 급격하게 올려 식품 조직의 변성 및 팽창으로 고기나 채소의 경우 질겨질 수 있고, 식품 내 많은 물이 나오면서 영양분도 같이 빠져나오게 됩니다. 급한 경우가 아니라면, 식품 섭취 수 시간 전 혹은 하루 전에 미리 냉장실로 옮겨 해동하는 것이 가장 좋습니다.

또한, 한 번 해동한 식품은 절대 다시 냉동하지 않아야 합니다. 세균 번식이 진행되어 실온에서 3~4시간이면 식중독을 일으킬 만한 숫자로 증식할 수 있습니다.

4

과일/채소 위생

면역력 향상을 위해서 가장 먼저 신경 쓰는 건 먹거리입니다. 여러 음식 중 과일은 입맛을 돋우고 비타민과 식이섬유가 풍부해서 면역력을 높여주는 고마운 존재입니다. 그런데 과일을 먹을 때면 늘 걱정되는 것이 있습니다. 바로 잔류 농약입니다.

과일 껍질에 영양분이 많다고 해서 통째로 먹고 싶지만, 잔류 농약이나 불순물이 남아 있을 것 같아 여간 신경이 쓰이는 게 아닙니다. 농약의 공식 명칭은 '작물보호제'로 바뀌었지만 유해한 독성 물질이라는 사실은 바뀌지 않습니다. 전문가들은 극소량 잔류 농약은 섭취해도 인체에 아무런 해가 없다고 하지만, 불안한 건 어쩔 수 없습니다. 잔류 농약에 대한 불안감에 무농약◆, 유기농◆◆ 등의 친환경 농산물을 고집하기도 합니다.

◆ 농약은 쓰지 않지만, 무기 물질을 첨가한 화학 비료로 키운 농산물.

◆◆ 화학 비료나 농약을 쓰지 않고 유기물을 이용한 농산물.

하지만 친환경 재료만을 고집한다 해도 한계가 있습니다. 유기농 농약이나 비료를 사용할 수도 있기 때문에 세척을 잘 해야 하고, 미생물이나 기생충 감염 위험이 있으니 이 역시 100% 안심할 수 없습니다.

여러분은 과일을 어떻게 세척해 먹고 있나요? 어떤 분들은 물로만 씻기도 하고, 물로만 씻어서는 잔류 농약이 세척되지 않을 듯해서 과일 채소용 세제로, 더 불안한 경우 소금이나 식초를 탄 물이나 베이킹소다로 세척하기도 합니다. 요즘에는 잔류 농약이 잘 제거된다고 광고하는 과일 전용 세제를 이용하기도 합니다.

1) 잔류 농약, 그 기준은 뭘까요?

하나의 농산물이 식탁 위에 오르기까지는 인고의 시간이 필요합니다. 농가에서는 농약을 토양 소독, 종자 소독, 농작물 보호 그리고 수확 후 병해충 손실을 방지하기 위해 사용합니다. 우리가 아프면 약을 먹듯이 재배 과정에서 식물에게 농약을 사용해 건강하게 자라게 합니다.

한국농촌경제연구원이 유엔식량농업기구FAO 산하 농산물 시장 정보 시스템의 데이터베이스 자료를 토대로 분석한 우리나라의 농약 사용량(1ha당)은 2016년 기준 11.8kg에 달했습니다. 호주(1.1kg), 캐나다(1.6kg)와 비교하면 농약을 10배 가까이 더 사용합니다. 다행히 유기농법, 무기농법 등이 생겨나면서 점점 줄어들고 있다고 하지만 항간에는 우스갯소리로 우리가 1년에 섭취하게 되는 잔류 농약이 한 숟갈 정도 된다는 말도 들립니다. 먼저 잔류 농약의 의미부터 정확하게 알아야 불안을 조금이나마 떨칠 수 있습니다.

일반적으로 농산물에 농약을 뿌리면 대부분 잎, 줄기 및 과실 표면에 부착됩니다. 대부분 비바람에 희석되거나 공기 중 산소나 햇빛에 분해됩니다. 나머지 농산물에 흡수된 농약도 식물 체내의 효소에 의해 분해되어 감소합니다. 최종적으로 농산물에는 매우 극소량의 농약이 남게 됩니다. 요약하자면, 잔류 농약이란 농약을 수천 배 희석하여 사용 후 농산물에 남아 있는 극미량의 농약을 의미합니다.

정부에서는 잔류 농약에 대한 여러 기준과 정책을 실시하고 있습니다. 국내외 농산물의 안전을 위해 수확 후 농산물을 대상으로 작물별 농약 잔류 기준을 설정해 왔으나, 다양한 농약의 개발과 현장에서 사용이 증가하면서 잔류 기준이 없는 농약에 대한 안전관리 강화 방안이 강구되었습니다. 대표적으로 농촌진흥청에서는 먹거리의 안전성을 위해 '농약 허용 기준 강화 제도PLS, Positive List System'를 실시하고 있습니다. 잔류 허용 기준은 농산물에 남아 있는 농약을 사람이 평생 동안 매일 섭취해도 건강에 영향을 주지 않는다고 추정하는 수치입니다. 2019년부터 모든 농산물에 적용되고 있으며 국내 사용 등록 또는 잔류 허용 기준이 설정된 농약 이외의 성분에 대해 일률 기준(0.01mg/kg 이하)으로 관리하고 있습니다. 이외 미등록 제품에 효력이 있는 것처럼 판매하거나 구매하는 행위에 대해서는 법률적으로 강력한 제재를 가하고 있습니다.

일률 기준 0.01mg/kg(=0.01ppm)은 농산물 1㎏에 잔류 농약 0.01mg

을 뜻하는 극미량입니다. 쌀에 비유하면 80㎏짜리 25가마니 중 쌀알 1개에 해당합니다.

2) 흐르는 물보다 담금 물

기준에 적합하고 매우 미량이라 하더라도 잔류 농약에 대한 불안감은 지울 수 없습니다. 하지만 대부분의 농산물은 껍질을 벗기거나 데치거나 삶는 조리 과정에서 잔류 농약의 90% 이상이 제거됩니다. 가열 후 드시면 좀 더 안전하게 먹을 수 있습니다. 다만 과일과 채소는 가열 없이 먹는 경우가 많아 불안합니다. 혹시 모를 잔류 농약의 위험을 피하려면 어떻게 세척해야 할까요?

여러 실험 결과를 정리해보면 농산물에 따라 흐르는 물, 담금 물의 양에 따라 농약 제거 효과가 다르지만 대체적으로 담금 물에서 세척하는 것이 더 효과적입니다. 흐르는 물에 씻으면 과일이나 채소의 일부가 제대로 씻기지 않을 수 있어 완벽한 세척이 어렵습니다. 과일 구석구석에 흐르는 물이 닿지 못할 수 있기 때문입니다. 이에 비해 담금 물에 세척하면 과채류가 물에 닿는 면적이 넓고 많아 깨끗하게 세척할 수 있습니다. 이때 물의 양은 과일이나 채소가 물에 푹 담길 정도로 물의 양을 넉넉히 하는 것이 좋습니다.

농촌진흥청 2017년 자료를 보면 상추 100g을 10초당 1L 유속에 한 장씩 세척하는 방법과 4L 수돗물에 담가 흔들어 세척하는 방식으로 실험을 진행했습니다. 실험 결과 1회 세척 시 흐르는 물에서 농약 제거율이 더 높게 나타났으나, 담금 물에 3회 세척할 경우 잔류 농약 제거율이, 흐르는 물보다 최대 2배 높았습니다. 상추 세척 과정에서 들어가는 물의 소모량과 세척 시간까지 고려하면 받은 물에 담가 세 차례 씻는 것이 훨씬 효율적입니다.

3) 정말 물로만 씻어도 되나요?

정말 물만으로 잔류 농약과 이물질, 미생물, 기생충, 유해 물질 등을 모두 제거할 수 있을까요? 각종 매체에서 과일과 채소를 씻을 때 숯, 베이킹소다, 식초, 소금 등을 추천합니다. 이 성분들을 사용하면 얼마나 도움이 될 수 있을까요? 잔류 농약을 제거할 수 있을까요?

들깻잎을 가지고 실험한 결과, 충분히 잠길 정도의 물에 5분 담근 후 세척하는 것을 3번 반복하는 방식으로 진행했을 때 수돗물만으로 씻을 때나 주방 세제 또는 식초나 베이킹소다를 이용해 씻을 때나 비슷한 결과를 얻었습니다. 또 다른 채소류에 대해서도 물, 세제(잔류 농약 제거용), 식초, 소금, 숯 담금 물에 5분간 담근 후, 흐르는 물로 30초간 세척하는 실험을 해보았습니다. 그 결과, 각 재료별로 잔류 농약 제거 정도에 큰 차이가 없는 것으로 나타났습니다. 따라서 물로만 씻어도 충분히 잔류 농약을 제거할 수 있다는 것을 확인할 수 있습니다.

그러면 위와 같은 것들로 과일이나 채소를 씻는 것은 전혀 도움이 되지 않을까요? 각각의 물질마다 잘 사용하면 도움이 되는 것이 있습니다. 오이를 씻을 때는 흐르는 물에서 오이 표면을 스펀지 등으로 문질러 씻은 다음 굵은 소금을 뿌려서 문지르고 다시 흐르는 물에 씻으면 울퉁불퉁한 표면에서 효과적으로 오염 물질을 제거할 수 있습니다. 식초는 산성으로 균의 증식을 억제하는 효과가 있고, 베이킹소다나 숯은 오염 물질을 흡착하는 성질이 있습니다.

참고로 우리가 보편적으로 사용하는 주방 세제와 같은 세척제는 세 가지 종류로 나뉘는데, 예전에는 1종·2종·3종으로 구분했지만 이제는 과일·채소용 세척제와 식품용 기구·용기용 세척제 (자동식기세척기용 포함) 그리고 식품 제조·가공 장치용 세척제로 구분합니다. 세척할 물건의 성질에 따라 구분한 것인데 안전성 등급으로 오해할 소지가 있어 정확한 대상을 나타내도록 한 것입니다. 예를 들면 젖병은 식품 용기이므로 젖병 세척제는 식품용 기구·용기용 세척제에 해당합니다. 이외에도 과일 세척 시 도움이 될 수 있는 여러 제품이 있습니다.

최근에는 전해수로 과일이나 채소를 세척하는 분도 많습니다. 순수한 물을 전기분해한 전해수는 살균력을 가지고 있지 않습니다. 다만 단순히 물이 아닌 염산액이나 식염수를 전기분해하여 차아염소산 또는 차아염소산나트륨을 만든다면 유효 염소 농도에 따라 살균력을 가질 수 있습니다. 2021년 한국소비자원이 시중에서 판매하는 전해수기 15종에 대해 발표한 자료에 따르면 수돗물만으로 전기분해한 전해수의 경우 광고 내용과 달리 살균 효과가 없거나 미미하다는 결과가 있었습니다. 참고로 식품위생법에서 정한 식품 첨가물로서 미산성 차아염소산수는 유효 염소 10~80ppm, 차아염소산나트륨은 유효 염소 100ppm 이상 함유해야 하고 과일, 채소 등 식품의 살균 목적에 한하여 사용해야 하며 살균 후에는 잘 씻어서 제거해야 합니다. 또한 전해수의 주성분인 차아염소산이나 차아염소산나트륨은 락스와 마찬가지로 농약을 제거할 수는 없습니다.

시중에서 판매되는 전해수기의 살균 효과를 내는 주성분은 차아염소산이나 차아염소산나트륨이고 두 물질은 매우 비슷하지만 약간 성질이 다릅니다. 차아염소산은 살균력이 강하지만 물질 자체의 불안정성으로 인해 빠른 분해가 단점이고 고농도인 경우 화학적 화상을 유발할 수 있습니다. 반면 차아염소산나트륨은 락스의 주성분으로 차아염소산에 비해 안정된 상태지만 살균력이 떨어지고 피부 점막을 자극하는 등의 부작용이 있어 두 가지 물질 모두 사용할 때 매우 주의해야 합니다.

그런가 하면 산화칼슘 과일/채소 세정제를 사용하는 분도 늘어나고 있습니다. 이 세정제를 사용하면 물 표면에 기름 또는 이물질 등이 뜨는 것 같은 모습이 보입니다. 이 피막의 정체가 무엇일까요? 피막을 잔류 농약이 떠오르는 것이라 생각하기 쉽지만, 실상은 그렇지 않습니다. 물에 넣어도 표면에 기름같이 생긴 이물질이 떠오릅니다. 그 피막은 완전히 녹지 않은, 즉 완전히 분리(해리)되지 않은 산화칼슘(수산화칼슘)에 의해 형성되는 것입니다. 세정 효과가 없는 것은 아니지만 농약이 완전히 제거된다고 생각해서는 안 됩니다.

잔류 농약과 달리 과일에 사용하는 광택제를 염려한다면 뜨거운 물로 씻고 키친타올로 잘 닦아주면 제거할 수 있습니다. 보통은 천연 왁스를 광택제로 사용하는 경우 유해하지 않다고 하는데 제거하는 것이 마음이 편하다면 씻어줍니다. 특히 수입산 오렌지나 레몬 같은 과일은 광택제와 살균제 등이 남아 있을지 염려되므로 잘 씻어서 먹는 것이 좋습니다.

지금까지 여러 종류의 세정제와 재료에 대해 말씀드렸습니다. 잔류 농약은 물에 씻어 제거하면 되고 과일과 채소의 종류에 따라 소금, 식초, 베이킹소다, 세정제, 전해수기, 산화칼슘 등을 적절하게 사용하면 이물질 제거에 도움이 될 수 있습니다. 중요한 것은 어떤 세정제를 사용하는지보다는 헹굼입니다. 세정제를 사용해 씻을 경우 표준량을 사용해 5분 이상 담가두지 않아야 하고, 헹굴 때 30초씩 3회 이상 헹궈야 잔류 물질이 남지 않습니다. 흐르는 물에 충분히 헹구어 불필요한 물질을 먹지 않도록 해야 합니다.

자주 먹는 과일/채소 세척법

과일과 채소는 종류에 따라 잔류 농약이나 이물질이 남아 있는 영역이 조금씩 다를 수 있습니다. 그러니 효과적인 세척법도 조금씩 다릅니다. 종류별로 세척법을 알아두고 좀 더 안전한 먹거리를 즐기면 어떨까요?

◆ 사과

사과는 흐르는 물에 스펀지로 잘 문질러 씻고 헝겊 등으로 잘 닦아서 껍질째 먹으면 됩니다. 다만 껍질째 먹더라도 사과 꼭지의 움푹 팬 부분은 잔류 농약이 남아 있을 확률이 높으므로 제거하고 드시기 바랍니다. 겉에 기름기가 있는 오염 물질이 묻어 있다면 뜨거운 물에 씻고 헝겊으로 깨끗이 닦아줍니다. 그런데 사과껍질은 영양이 풍부해서 껍질째 먹으면 좋다고 하지만 이유식에 사용하거나 치아가 아직 발달하지 않은 아이들에게 먹이는 경우 껍질을 깎아내는 것이 좋습니다.

◆ 딸기

곰팡이가 피는 경우가 많아 곰팡이 방지제를 뿌려 재배하는 딸기는 껍질을 벗기지 않고 통째로 먹는 과일입니다. 딸기를 씻을 때는 물에 1분 동안 담근 후 흐르는 물에 30초 정도 씻어줍니다. 꼭지 부분은 농약이나 벌레 등 이물질이 많이 달라붙어 있으므로 미리 떼고 먹는 것을 추천합니다.

◆ 포도

깊숙한 곳까지 안 씻기지 않을까 걱정되어 아예 알을 일일이 떼어내어 씻기도 합니다. 하지만 포도알을 떼어내지 않고 송이째 1분 동안 물에 담갔다가 흐르는 물에 잘 헹궈 먹어도 무방합니다. 그럼에도 걱정이 된다면 베이킹소다를 포도 표면에 뿌려 흐르는 물에 씻어내면 오염물 제거에 도움이 됩니다.

◆ 브로콜리

브로콜리는 씻을 때 꽃봉오리 부분을 물에 10~20분가량 담가두면 꽃봉오리가 저절로 열리면서 안에 끼어 있던 이물질과 잔류 농약이 빠져나갑니다. 이때 깨끗한 물로 갈아 그 안에서 브로콜리를 털어줍니다. 이후 물에 소금 한 숟가락을 넣고 5분간 담갔다가 꺼내서 다시 한번 깨끗한 물로 헹구면 깨끗하게 세척됩니다.

5

아이용품 위생

1) 아이의 음식 그릇: 젖병

아이들이 종일 물고 빠는 젖병은 아이가 먹을 음식을 담는 그릇이기에 여러모로 주의가 필요합니다. 구입 시 안전한 소재 선택도 중요하지만 사용 후 세척, 건조, 보관까지 세심한 주의가 필요합니다. 만약 관리를 소홀히 하면 분유 찌꺼기로 인해 배탈이나 설사는 물론 세균성 질병에 노출될 수 있습니다.

아이가 분유를 남겼다 해도 모두 버리고 수유한 젖병은 사용 직후 젖병과 젖꼭지를 분리해 찬물로 헹궈내고 세척해야 합니다. 젖병은 따뜻한 물에서는 유단백이 응고되어 세척이 어려울 수 있기에 찬물로 바로 헹구고 씻어야 수월하게 세척할 수 있고 세균 번식을 막을 수 있습니다.

젖병을 세척할 때는 전용 브러시나 스펀지에 젖병 세정제를 묻혀 부드럽게 문질러줍니다. 이때 제대로 씻어내지 않으면 우유 잔여물이 젖병 안에 남을 수 있습니다. 흐르는 물로 3번 이상 헹궈서 세제 성분이 남지 않도록 한 후 젖병에 남은 물은 잘 말려줍니다. 젖병은 깨끗하게 씻은 후 잘 말려서 사용하면 꼭 살균하지 않아도 됩니다. 물기 없이 완전히 건조하면 설사 눈에 잘 안 띄는 미세한 오염물이 있더라도 세균 번식이 쉽지 않습니다.

하지만 젖병을 세정제로만 씻는 것을 불안해하는 분도 많습니다. 아무래도 신생아는 적은 양의 세균으로도 치명적일 수 있기에 젖병을 소독한 후 사용해야 안심되기 때문입니다. 젖병을 소독하는 방법은 다양합니다. 그중 고전적이지만 가장 효과적인 소독 방법은 열탕 소독입니다. 열탕 소독은 세척한 젖병을 끓는 물에 젖병과 꼭지를 담갔다가 꺼내어 소독하는 방법입니다. 젖병은 2~3분, 젖꼭지는 30초 정도 열탕 소독을 해주는 것이 좋습니다. 젖병의 재질마다 소독하는 시간과 방법이 다를 수 있으니 구입한 젖병의 설명서를 잘 읽고 소독하여 사용하는 것을 추천드립니다.

2) 아이가 자주 사용하는 용품 세척법

아이 옷이나 이불은 하루가 멀다 하고 세탁하는 분들도 의외로 유모차, 카시트 관리에는 소홀한 경우가 많습니다. 아기가 자주 사용하는 용품들이라 관리가 중요한데 유모차나 카시트는 부피가 크고 무거워 세탁도 쉽지 않고, 혹여 잘못 세탁해서 고장 나거나 변형될까 엄두가 나질 않습니다. 또 가격이 만만치 않아 더러워졌다고 자주 교체할 수 있는 것도 아닙니다. 하지만 주의 사항을 잘 지켜 세탁하면 오랫동안 위생적으로 사용할 수 있습니다.

아기들의 자가용, 유모차

유모차는 언뜻 보면 오염이 심각해 보이지 않지만 눈에 보이지 않을 뿐 미세 먼지, 초미세 먼지에 노출되어 있음은 물론 음료수, 간식, 과자 부스러기가 떨어져 있는 경우가 많습니다. 또한 내부 스펀지와 섬유에 세균이 번식하기 쉬워 집먼지진드기가 살기도 하고, 관리 소홀 시 곰팡이에 오염되어 있는 경우도 있습니다.

유모차는 전체가 벗겨지는 분리형도 있지만, 아기가 앉는 시트 부분만 분리가 가능한 모델이 많습니다. 그러니 전체 세탁이 어렵다면 시트만이라도 세탁하는 것이 좋습니다. 이때 중성 세제로 손세탁하는 것이 가장 좋으며, 세탁 시 물의 온도는 30℃ 이하가 적당합니다. 만약 시트가 분리되지 않는 제품이라면 물로 세척하기보다 칫솔을 이용하면 편리합니다. 칫솔에 세제와 약간의 물을 묻혀 살살 문지른 후 물기를 꼭 짠 수건으로 잘 닦아낸 후 햇볕에 말리면 됩니다.

유모차는 아이가 이용하지 않는 평상시 보관이 훨씬 중요합니다. 부피가 크다 보니 집에 들여놓기 어려워 바깥에 방치하는 경우가 많습니다. 실외에 두면 먼지가 쌓이기 마련이고, 지나다니는 사람들에 의해 오염될 수 있습니다. 자칫 비라도 맞게 되면 세균이나 곰팡이가 생길 수도 있습니다. 그러니 가급적 실내에서 보관해주세요. 만약 장기간 사용하지 않을 때에는 먼지가 쌓이지 않게 덮개를 씌워 서늘하고 통풍이 잘 되는 곳에 보관합니다. 직사광선을 받는 곳에 보관하면 색상이 바랠 수 있으며, 습한 곳에 보관하면 세균 번식의 우려가 있습니다.

안전 지킴이, 카시트

유모차만큼 아이들이 오랜 시간 머무르는 공간이 카시트입니다. 카시트는 아이의 피부와 맞닿아 장시간 아이의 몸을 보호하고 있기에 세균과 진드기로부터 신경 써야 하는데 막상 덩치 큰 카시트를 어떻게 세탁할지 막막합니다. 먼저 카시트의 커버를 벗겨 손빨래를 합니다. 세제가 남지 않도록 여러 번 헹구고 비틀어 짜거나 하면 변형이 생길 수 있으니 수건 등으로 눌러 물기를 짜고 바람이 잘 통하는 그늘에서 완전히 건조될 때까지 말려줍니다. 플라스틱이나 받침 부분은 물걸레로 닦으면 됩니다. 카시트는 두세 달에 한 번 주기적으로 세탁하는 것이 바람직하지만 오염 정도가 심하다면 주기와 상관없이 손세탁하는 것이 좋습니다.

카시트 역시 평소 관리가 중요한데 장기간 차 안에 두기에 통풍이 잘 되지 않아 각종 세균과 진드기 등이 생기기 쉽습니다. 그러니 햇볕이 좋은 날 바람이 잘 통하는 곳에 두고 자연광 아래에서 1~2시간 소독하는 것이 좋습니다. 다만 햇볕에 너무 오랫동안 내놓으면 카시트가 변색될 수 있으니 시간 조절에 주의합니다. 카시트를 장기간 사용하지 않는다면 세탁 후 박스에 넣어 그늘지고 통풍이 잘 되는 곳에 보관합니다. 여건상 가정에서 세탁이 어렵다면 두세 달에 한 번 전문점에 의뢰하여 위생적으로 관리하는 것도 방법입니다.

외출 필수품, 아기띠

아기띠는 아이의 땀과 침, 주변 습도로 인해서 세균이나 곰팡이가 가장 많이 생길 수 있습니다. 따라서 유모차나 카시트보다 더 신경 써서 관리해야 합니다. 가급적 처음 구입할 때 세척과 관리가 용이한 것을 선택하는 것이 좋습니다. 만약 구입한 아기띠가 세탁기에서 세척할 수 있는 제품이면 버클을 모두 채우고 세탁망에 넣습니다. 이때 울 코스로 세탁하되 뜨거운 물이나 표백제는 사용하지 않습니다.

만약 세탁기 사용이 불가능하다면 중성 세제를 푼 미지근한 물에 담근 후 손으로 비벼 세척합니다. 아기띠는 늘어나거나 모양이 변형되기 쉬워 뜨거운 물 대신 찬물에 세제를 풀어 거품을 낸 뒤 조물조물 문질러 충분히 헹구는 것이 좋습니다. 이후 반드시 그늘에 자연 건조하시기 바랍니다. 세탁하지 못할 때는 물을 꼭 짠 수건으로 꼼꼼히 닦아주고 그늘에서 완전히 건조한 뒤 사용하시기 바랍니다.

천 기저귀

피부가 예민한 신생아에게는 일회용보다 천 기저귀를 사용하는 것이 좋지만 사실 통기성이 좋고 흡수성이 적절하다면 어떤 것을 사용해도 좋습니다. 다만 위생 관리를 철저하게 하지 않으면 일회용 기저귀보다 천 기저귀가 더 위험할 수 있기에 관리가 중요합니다. 천 기저귀 세탁에는 주의사항이 있습니다. 첫째, 세탁 전 물에 담가두지 마세요. 천 기저귀를 물에 오랫동안 담가두면 기저귀에 세균이나 곰팡이가 번식할 수 있습니다. 그러니 세탁 전 물에 담가두는 것은 피해야 합니다. 천 기저귀는 그때그때 바로 세탁해야 오염이 적고 세탁하기 쉽습니다. 두 번째, 세제 찌꺼기가 남지 않도록 충분히 헹궈주세요. 세 번째, 소독을 위해 자주 삶아주세요. 마지막으로 천 귀저귀는 햇볕에서 바짝 말려주세요. 천 기저귀를 완전히 말리지 않은 상태에서 사용하거나 습한 곳에 보관하면 세균이 증식해 아기에게 기저귀 발진이 생길 수 있습니다. 천 기저귀는 햇볕에 말려야 완전히 살균됩니다. 유리창을 통과한 햇볕에는 살균에 필요한 자외선이 거의 없어 살균력도 떨어집니다. 최대한 직사광선에 말리는 것이 좋습니다. 높은 습도로 건조가 힘들 때는 전열기나 건조기에 바싹 말려주세요.

3) 아이들의 가까운 친구: 장난감

아이들이 성장하면서 가장 자주 접하는 것은 단연 장난감입니다. 장난감은 아이들의 가장 가까운 친구이자 성장에 필요한 필수품입니다. 아이들은 장난감을 가지고 놀면서 신체와 두뇌 감각은 물론 오감이 발달하는데 특히 아기들은 장난감을 하루 종일 손으로 만지고 물고 빨며 지냅니다. 그러다 보면 아이들의 침이나 음식물이 장난감에 묻기 쉬워서 세균 번식이나 오염 가능성이 높습니다. 그렇기에 장난감은 아이들의 건강과 안전을 위해 주기적인 세척이 필요합니다.

고무, 플라스틱 소재 장난감

치발기나 딸랑이 같은 플라스틱 혹은 고무 장난감은 열에 굉장히 취약

합니다. 뜨거운 물에 넣어 소독(열탕 소독)하면 모형이 변형될 수 있고 환경 호르몬이 나올 위험이 있습니다. 이런 소재는 미지근한 물에 세제를 풀어 부드러운 천으로 닦아주고 흐르는 물에 헹궈주면 좋습니다. 오염이 심한 곳은 칫솔로 살살 닦아준 후 그늘에서 완벽하게 건조해줍니다. 물기가 남아 있는 장난감은 곰팡이나 세균이 번식할 수 있으니 잘 말려주세요.

천 소재 장난감

천은 겉으로 깨끗해 보이지만 먼지는 물론 집먼지진드기가 생기기 쉬워 호흡기 질환과 피부 트러블을 유발할 수 있습니다. 또한 아이 침이 닿으면 세균 번식률이 높아지기에 수시로 세탁해 줘야 하는데 미지근한 물에 세제를 풀어 손빨래를 하거나 세탁망에 넣어 울 코스로 세탁해주세요. 소독하려면 과탄산소다액에 1시간 정도 담가줍니다. 집먼지진드기를 제거하려면 60℃ 이상의 온도로 세탁합니다. 또는 시판되는 집먼지진드기 퇴치제를 주기적으로 사용하면 간편하게 처리할 수 있습니다.

원목 소재 장난감

원목 소재는 물에 닿을 경우 모양이 변형될 수 있고 잘 마르지 않으며 세균이 번식하기도 쉽습니다. 그렇기 때문에 주 2~3회 부드러운 솔이나 면봉 등을 이용해 틈 사이사이를 닦아주는 것이 좋고, 만약 얼룩이 졌다면 에탄올 살균 소독제(농도 70~80%)를 면포에 묻혀 장난감을 닦아 소독하고 말려줍니다. 다만 수세미로 문지르게 되면 흠집이 생겨 세균 번식 위험이 있기에 부드러운 헝겊을 사용합니다. 소독한 원목 장난감은 통풍이 잘 되는 그늘에 말려주세요.

목욕 놀이 장난감

아이들은 목욕 놀이 장난감도 물고 빨 수 있습니다. 따라서 아이들이 가지고 논 후에는 세정제로 잘 닦아준 후 깨끗한 물로 헹군 후 잘 말려줍니다. 또 건조 후 욕실에 두지 말고 통풍이 잘 되는 곳에 보관하는 것이 좋습니다. 욕실은 늘 습도가 높아 세균과 곰팡이가 가장 많이 있는 곳이므로 장난감이 오염되지 않게 주의해야 합니다.

4) 양치 용품 관리법

세균과 바이러스는 피부가 없는 점막, 눈, 코, 입을 통해 침투할 수 있습니다. 그중 입은 오염된 공기가 몸으로 들어올 수 있는 핵심 통로입니다. 코로나19처럼 달라붙는 성질이 강한 바이러스 역시 입안에 들어오기 쉽습니다.

우리의 입안에는 700여 가지 세균과 바이러스가 살고 있는데, 특히 면역력이 약한 아이들은 구강세균이 체내로 침투하면 여러 호흡기 질환에 노출될 수 있고 몸 전체에 퍼질 수 있습니다. 이런 질환을 예방하기 위해 꼭 필요한 습관이 바로 '양치질'입니다. 양치질은 건강한 입속 건강, 치아 건강을 위한 첫걸음이라 할 수 있습니다. 양치질만 제대로 해도, 입을 통해 바이러스나 세균이 몸속으로 들어올 확률을 크게 줄일 수 있습니다. 많은 부모님이 아이들 양치 습관에 신경 쓰다 양치 용품 관리에는 소홀하기 쉽습니다. 양치질만큼 중요한 것이 용품 관리입니다. 칫솔이나 칫솔홀더, 양치컵을 제대로 관리하지 않으면 세균이 번식하게 됩니다.

먼저 칫솔은 신체에 직접 닿는 도구이기에 위생적인 관리가 필수입니다. 칫솔은 사용 후 흐르는 물에 씻고 충분히 건조하는 것이 가장 중요합니다. 젖은 상태로 두면 바이러스와 세균이 번식하기에 뽀송하게 말려줘야 합니다. 만약 칫솔을 말리지 않고 플라스틱 캡에 넣어두면 습기 찬 상태에서 공기가 차단되어 세균 번식이 더 빨라집니다.

간혹 욕실은 습해 칫솔에 세균이 번식하기 쉬우니 칫솔을 두지 말라는 말도 있습니다. 그런데 욕실에 두더라도 칫솔을 잘 건조하면 세균이 번식하기는 어렵고, 설사 번식한다 해도 그 속도가 느려집니다. 칫솔을 좀 더 위생적으로 사용하고 싶다면 일주일에 한 번 정도는 햇빛이 비치고 바람이 잘 통하는 곳에서 잘 말려야 합니다. 또한 칫솔을 두 개로 번갈아 가면서 사용하는 것도 도움이 됩니다.

칫솔은 소모품이기에 사용한 만큼 닳기 마련입니다. 아기들은 유치라서 젖산이 많이 나오기도 하고, 칫솔이 오래되면 양치의 효과가 떨어지니 1~3개월에 한 번씩 정기적으로 교체해주어야 합니다. 요즘은 칫솔 살균기계를 사용해 칫솔을 소독하는데 적절하게 사용하면 칫솔 소독과 살균에 도움이 될 수 있습니다. 다만 칫솔 소독기를 청결하게 관리하지 않으면 오히려 세균이 오염되는 장소가 될 수 있으니 기계별 권장된 관리법에 따라 관리해주세요.

두 번째는 칫솔꽂이 관리입니다. 위생적인 칫솔 관리의 첫걸음은 칫솔꽂이 소독입니다. 칫솔을 깨끗하게 헹구지 않고 칫솔에 있는 물이 떨어져 고이면, 칫솔꽂이 내부에 곰팡이가 피게 됩니다. 이는 일상생활에서 떠다니는 미생물이 낙하하여 번식하기도 하고, 오랜 시간 방치에 따른 세균 혹은 곰팡이들의 포자가 번식하고 있는 것입니다. 그러면 칫솔에도 세균과 곰팡이가 번식할 수 있게 됩니다. 많은 가정집에서 이러한 세균을 검사해 보니, 치명적인 질병을 일으킬 수 있는 균이 발견되었습니다. 그러니 칫솔꽂이에 물이 고이지 않도록 관리해주어야 합니다. 그리고 대장균 오염원이 될 수 있는 욕실 변기는 뚜껑을 꼭 닫고 물을 내리는 습관을 들여야 합니다.

칫솔꽂이는 주 1회 이상 곡물 발효 살균제(70% 에탄올 살균 소독제)에 담가 깨끗하게 살균 소독한 후 물기가 없도록 바짝 말려주면 세균 걱정 없이 사용할 수 있습니다.

세 번째 양치컵도 잊지 말고 위생적으로 관리해주어야 합니다. 우리가 양치를 하고 가글을 하려면 양치컵이 필요합니다. 이때 컵이 깨끗해야 효과를 기대할 수 있습니다. 대개 가정에서 양치컵을 매일 세척하지 않기에 컵 바닥에 물때가 끼여 있는 경우가 많습니다. 되도록 물때가 생기기기지 않도록 자주 세척하고 바닥이 위쪽으로 향하게 보관해 물이 고이지 않도록 합니다.

6

세탁 생활 위생

집안일 중 해도 해도 끝이 없고 미룰 수 없는 일은 바로 세탁입니다. 습도가 높은 계절에는 세탁물이 조금만 쌓여도 금방 눅눅해지고 퀴퀴한 냄새가 나 매일 매일 세탁을 하게 됩니다. 요즘은 청소를 넘어 세탁까지 대행하는 업체가 생겼지만 속옷도 있다 보니 선뜻 맡기긴 쉽지 않습니다. 세탁기에만 넣고 돌리고 말리면 되는 일인데도, 신경 써야 할 부분이 한두 가지가 아닙니다. 옷마다 다른 세탁법은 물론이고 수건은 단독으로 빨아야 한다는 등 세탁법에 관련된 이야기도 많습니다. 거기에 세탁 세제는 국내, 해외 제품까지 다양한 데다가 천연/친환경 세제가 좋다는 광고를 보는 날이면, 세제를 바꿔야 하나 고민하게 됩니다.

1) 새 옷은 세탁이 필요합니다

의류를 제조 및 가공을 할 때는 촉감 및 기능 개선 등을 위해 다양한 가공제와 화학 물질이 사용됩니다. 대표적 성분이 폼알데하이드formaldehyde입니다. 폼알데하이드는 옷의 생산, 유통 과정에서 생길 수 있는 구김, 곰팡이 발생 방지 등을 위해 사용됩니다. 폼알데하이드는 아주 극소량이라도 노출되면 눈, 코, 목에 자극을 주는 매우 유독한 성분입니다. 피부에 장기간 노출되면 흡수되고 알레르기 반응, 발진을 일으키는 유독한 물질이라 노출을 최대한 피해야 합니다.

우리나라에서는 성인용 의류는 「전기용품 및 생활용품 안전관리법」에 따라 '가정용 섬유 제품'으로, 어린이용은 「어린이 제품 안전특별법」에 따라 '아동용 섬유 제품'으로 분류하여 유해 물질 등을 관리하고 있습니다. 참고로 폼알데하이드의 기준은 양쪽 다 동일하게 75mg/kg으로 관리되고 있습니다.

대개의 회사들이 마무리 공정에서 화학 약품을 제거해서 안전하게 만든다고 해도 입기 전에 확실하게 제거하는 것이 좋습니다. 그러니 새 옷을 구매하면 먼저 세탁을 통해 의류에 남아 있는 화학 약품 등 유해 성분을 제거하고 입는 것이 좋습니다. 1~2회 세탁하는 것으로도 충분히 해결할 수 있습니다.

2) 아이 옷은 어른 옷과 분리해 세탁해야 하나요?

어른 옷과 아이 옷은 분리 세탁해야 하는지 궁금해하는 분이 정말 많습니다. 부모님이 외부 활동이 많은 경우 밖에서 활동하다 보면 옷에 미세 먼지, 세균, 노폐물 등에 오염될 가능성이 높아 분리 세탁을 추천합니다. 또 부모님이 화학 약품이나 비료 공장 등 특수 업종에 종사하는 경우 혹여 여러 화학 물질이 옷에 묻어 나올 수 있기에 분리해 세탁하는 것이 좋습니다. 오염된 옷이 아이 옷과 섞이고 세탁이 제대로 안 되는 경우 아이 피부로 옮겨갈 수 있습니다. 다만 그 외의 경우라면 함께 세탁해도 무방합니다.

간혹 아이 옷과 어른 옷을 구분해서 세탁하기 위해 전용 세탁기를 별도로 구매하는 경우가 많은데 여유가 있어 구매해도 좋지만 반드시 필요한 것은 아닙니다. 한 세탁기에 어른 옷을 먼저 세탁 후, 아이 옷을 모아 나중에 사용하면 됩니다. 그렇다면 언제까지 어른 옷과 따로 세탁해야 할까요?

영유아는 땀이 많고 기저귀 밖으로 대·소변이 새어 나와 옷이 얼룩지거나 냄새가 날 수 있습니다. 또한 대·소변이 묻은 옷과 양말, 손 싸개, 손수건 등 일반 세탁물을 함께 세탁할 경우 대·소변 관련 세균 문제에서도 자유롭지 않을 수 있습니다. 따라서 배변 훈련을 마칠 때까지 대·소변이 묻은 천 기저귀, 가제 손수건 등은 분리 세탁을 추천합니다. 아이의 옷은 자주 세탁하기 때문에 섬유가 상하지 않도록 손세탁을 하거나 세탁기를 사용할 때는 세탁 망에 넣는 것이 좋습니다.

마지막으로 아이 옷은 꼭 삶아야 하는지 갸우뚱해질 때가 있습니다. 신생아의 옷은 변, 토사물, 우유 등에 의해 오염되기 쉽습니다. 이렇게 오염된 옷은 세균이 급격히 번식할 수 있어 삶아 소독하는 것을 권장합니다. 삶기 전 애벌 빨래로 옷에 묻은 물질을 제거하고 용변이 묻은 옷은 다른 빨래와 분리해 삶습니다. 다만 삶을 경우 원단이 늘어나거나 줄어들어 옷의 수명이 단축될 수도 있음을 기억해두세요. 삶는 방법 말고도 살균제에 담그는 방법으로도 소독할 수 있습니다. 과탄산소다 같은 산소계 표백제액에 1시간 정도 또는 락스 100배 희석액에 10분 정도 담갔다가 헹궈주면 됩니다. 둘 다 표백 작용이 있으므로 장시간 담그지 않도록 해야 합니다. 간혹 색이 진한 옷은 물 빠짐이 심한 경우도 있으니 표백제 사용 전, 옷에 붙은 주의 사항을 확인하시기 바랍니다.

3) 세탁 세제가 천연이라고 다 좋을까?

일반 세제는 계면 활성제가 더 많이 들어 있어 아이에게 위험하고, 천연 세제는 더 안전할 것 같다는 생각을 합니다. 그렇기에 아이 세탁 세제는 대부분 일반 세제보다 천연 세제를 많이 선호합니다.

피부에 직접 닿는 옷을 세탁하는 세제이기에 어떤 제품을 선택해야 할지 고민된다면 전 성분을 모두 공개하는 제품인지를 따져야 합니다. 세탁 세제는 땀이나 미세 먼지 등 옷에 붙은 이물질을 제거하기 위해 각종 화학 성분이 포함되어 있습니다. 화학 향료, 합성 방부제, 형광 증백제, 인산염 등 화학 물질이 많이 첨가된 세제는 세정력은 뛰어나지만, 세탁 후 세제 성분이 남기 쉽습니다. 이 중 빨래를 더욱 희게 해주는 형광 증백제나 아이 피부에 자극이 되는 인산염이 첨가되지 않은 제품을 선택합니다. 피부가 민감한 아이들은 이런 성분이 남은 옷에 오랫동안 노출될 경우 호흡기 및 피부 질환이 생길 수 있습니다.

계면 활성제는 여러 논란이 따라다니지만 무조건 나쁜 것은 아닙니다. 계면 활성제는 물과 기름이 잘 섞일 수 있도록 도와 이물질을 제거하는 역할을 합니다. 그래서 샴푸, 세제, 비누, 클렌징폼 등 다양한 세정 제품에 들어갑니다. 옷에 묻어 있는 기름때, 머리에 묻은 기름 같은 것은 흐르는 물만으로는 씻을 수 없으니 계면 활성제 성분으로 기름 성분을 용해시키는 원리입니다. 계면 활성제는 크게 천연 계면 활성제와 합성 계면 활성제로 구분되는데, 천연 계면 활성제는 말 그대로 자연적에서 얻을 수 있는 성분입니다. 대표적으로 콩, 달걀노른자에 가장 흔하게 있고, 코코넛오일, 인삼의 사포닌, 옥수수, 사탕수수, 감자 전분 등이 있습니다. 이런 성분들은 합성 계면 활성제보다 세척력이 떨어집니다. 이에 비해 인위적으로 만든 합성 계면 활성제에는 소듐라우릴설페이트Sodium Lauryl Sulfate, 소듐라우레스설페이트Sodium Laureth Sulfate, 암모늄라우릴설페이트Ammonium Lauryl Sulfate, 암모늄라우레스설페이트Ammonium Laureth Sulfate 등 다양한 종류가 있습니다. 이들은 가격이 저렴할 뿐만 아니라 세척력이 뛰어나 대부분 세탁 세제에 사용되고 있습니다. 합성 계면 활성제는 성능이 우수하지만 그만큼 피부가 건조해지거나 자극을 주는 등의 부작용이 있습니다. 따라서 세제가 남지 않도록 잘 헹궈주세요. 또 합성 세제는 분해가 잘 되지 않아 천연 세제에 비해 친환경적이지는 않습니다.

세탁은 오염물을 깨끗하게 씻어내는 것이 목적입니다. 오염물이 남으면 그 역시 피부 자극을 일으킬 수 있습니다. 유기물인 천연 계면 활성제는 세균 박테리아의 먹이가 되므로 세탁물에 잔류되면 세균 발생의 우려가 있고 벌레가 유인될 수가 있습니다. 천연 성분이라 잔류되어도 안심이라고 생각하는 것은 금물입니다. 무조건 천연이라고 해서 안전하고 효과적이라고 맹신하는 것도 곤란하지만 합성 계면 활성제라고 해서 무조건 건강에 위협적이지도 않습니다.

오히려 천연에서 추출한 재료를 장기간 유통 과정에서 부패하지 않게 하기 위해 살균제와 방부제 등 추가 성분이 많이 들어가는 경우도 있습니다. 천연 유래 추출물을 포함했다고 비싼 가격에 판매하면서 실제로 합성 계면 활성제가 들어간 경우도 있습니다.

우리나라에서는 세제의 전 성분을 표기할 의무가 아직은 없습니다. 화학 성분은 아예 표기하지 않거나 기타 성분으로 묶어버리면 소비자는 알기 어렵습니다. 안전한 성분 몇 가지만 기재하여 마치 친환경 세제처럼 판매하는 경우도 있습니다. 하지만 환경부 권고에 의해 자발적으로 전 성분을 표시한 제품도 많이 있습니다. 환경부의 생활환경안전정보시스템 '초록누리(ecolife.me.go.kr)'에서는 이러한 제품을 확인할 수 있습니다.

초록누리 바로가기

4) 세탁보다 헹굼과 건조가 더 중요

세제 선택에 많은 시간과 노력을 기울이는 것에 비해 정작 세제를 올바르게 사용하는 분이 많지 않습니다. 아무리 좋은 세제라도 제대로 사용하지 않으면 효과를 기대하기 어렵습니다. 세탁 세제를 사용할 때는 다음 몇 가지 주의 사항을 지키는 것을 추천합니다.

표준 사용량 지키기

각 세제에는 빨래 양과 물의 양에 따른 표준 사용량이 표기되어 있으니 적절한 양을 사용합니다. 요즘은 적은 양으로도 강한 세탁 효과를 내는 고농축 세제가 많기에 꼭 확인하도록 합니다. 간혹 세탁 세제를 많이 넣으면 때가 잘 빠질 것 같아 적정량 이상으로 사용하는 분들이 있습니다. '어차피 물로 다 헹구면 괜찮겠지'라고 생각하지만 세탁 세제의 농도가 0.25%를 넘어가면 오히려 거품 때문에 세척력이 떨어집니다. 또한 미처 물에 녹지 않은 세제의 화학 물질들은 옷에 붙어 피부를 자극하는 원인이 될 수 있습니다. 천연 세제나 합성 세제나 마찬가지입니다. 이런 상황에 지속적으로 노출되면 각종 피부 트러블이 생기기 쉽고 천식, 비염 등 알레르기 질환에 걸릴 수 있습니다. 더 나아가 다른 화학 물질들과 결합해 니트로사민nitrosamine 같은 잠재적 발암 물질을 생성합니다. 아무리 안전한 세제라도 적당히 알맞게 사용하는 것이 좋습니다.

충분히 헹구기

세제 사용 시 가장 좋지 않은 것은 세제 찌꺼기가 남는 것입니다. 옷감 사이사이에 남아 있는 성분이 없도록 여러 번 충분히 헹궈주는 것이 좋습니다. 천연 세제, 친환경 세제 등 아무리 좋은 세제를 사용해도 충분히 헹구지 않는다면, 차라리 세제를 쓰지 않는 것이 좋습니다. 설거지 세제, 세탁 세제 모두 마지막 헹굼이 가장 중요합니다.

과량의 세제를 사용하고 있지 않은지 궁금하다면 직접 확인해보는 것이 좋습니다. 세제가 과량으로 들어갔는지 잘 헹궈졌는지 확인하려면 세탁이 끝난 세탁물을 맑은 물에 헹궈봅니다. 세제가 남아 있으면 물이 뿌옇게 변합니다. 적정량 이상의 세제를 넣은 경우 세제 찌꺼기가 옷에 남아 있을 수 있습니다. 이럴 때는 헹굼 횟수를 추가해 세제 찌꺼기가 남지 않도록 해줍니다. 그리고 앞으로는 처음부터 적당량의 세제를 사용해서 물을 낭비하지 않는 것이 좋습니다.

가장 중요한 마지막 과정, 건조

헹굼을 충분히 한 후에는 햇볕에서 뽀송하게 건조해주는 것이 가장 좋습니다. 그런데 빨래를 바짝 건조하는 일이 여간해서 쉽지가 않습니다. 요즘에는 사계절 미세 먼지가 심해서 실내에서 건조할 때도 많고, 비가 오거나 흐린 날에는 어쩔 수 없이 실내에서 건조하게 됩니다. 그러다 보면 빨래가 마르지 않아 이틀씩 건조대에 널어두는 경우도 있습니다.

이렇게 건조가 덜 된 세탁물은 세균이나 곰팡이가 생기기 쉽고 세제 찌꺼기가 남은 경우는 세균이 더 증식하게 돼 다 마른 후에도 냄새가 나기도 합니다. 심한 경우 천식이나 기관지염, 피부염 등 알레르기성 질환을 유발합니다.

이럴 때는 냄새의 근본적인 원인인 세균이나 곰팡이를 제거해줘야 합니다. 혹시나 하는 마음에 한 번 더 세탁해보지만 냄새는 그대로 남아 있습니다. 섬유 유연제를 넣어보지만 근본적인 해결책은 아닙니다. 가장 좋은 해결책은 삶아서 깨끗하게 말리는 것입니다. 그 외에 락스나 과탄산소다를 사용해 살균할 수 있는데, 옷에 붙어 있는 세탁 주의 사항에 염소계 또는 산소계 표백제 사용 불가 표시가 없는지 확인하고 사용하시면 됩니다. 과탄산소다를 사용하는 경우 따뜻한 물 500ml에 과탄산소다 1/4컵을 넣고 녹인 후 1시간 정도 담근 후에 헹궈줍니다. 락스를 사용하는 경우에는 100배 희석액에 10분 정도 담가두었다가 맑은 물에 헹구어 주면 됩니다.

요즘 빨래 건조기를 활용해 세탁물을 건조하는 가정이 많습니다. 고온 살균으로 세탁물 냄새가 나지 않는다는 장점이 있고 장마철이나 비오는 날에도 걱정이 없습니다. 건조기는 뜨거운 공기를 순환시켜 빨래의 물기를 수증기로 바꾸어 외부로 빼내어 건조하는 원리입니다. 열풍을 사용하므로 열에 약한 섬유로 만든 옷은 상할 수 있으니 주의해야 합니다. 옷감에 따라 건조기 사용에 대한 장점과 단점이 있기에 소재별로 적절하게 사용해야 합니다.

5) 세탁기, 건조기 관리도 꼼꼼히

세탁기는 모든 가정에서 옷을 세탁하기 위한 필수 가전입니다. 그런데 정작 세탁기 본체는 몇 년 동안 청소하지 않고 사용하는 경우가 많습니다. 세탁기 청소를 제대로 하지 않고 빨래를 한다면 세균 가득한 옷을 입는 것과 같습니다.

간혹 빨래에서 계속 악취가 난다면 세탁기의 세탁조 오염이 원인일 수 있습니다. 빨래가 쌓여 있는 과정에서 세균이 대량으로 번식하거나 각종 세제와 섬유 유연제 등 찌꺼기 및 각종 잔여물이 세탁조에 남아 부패할 수 있습니다. 이로 인해 악취는 물론 곰팡이를 비롯한 각종 유해균이 발생해 우리 건강을 위협하게 됩니다.

이런 물질들이 세탁 과정에서 아이 옷에도 옮겨집니다. 오염된 옷은 아이 피부와 맞닿으면서 아토피는 물론 각종 알레르기성 피부 반응을 일으키고 호흡기에 들어가면 천식을 일으킬 수 있습니다. 그러니 적어도 두 달에 한 번은 세탁조 청소를 하는 것이 좋습니다.

세탁조는 어떻게 청소하는 것이 좋을까요? 세탁기 설명서에 청소 방법이 있으니 이를 참조하면 되는데 구입한 지 오래되면 설명서가 없는 경우도 많습니다. 이럴 땐 세탁조 전용 세정제를 세탁기 종류에 맞게 구입하거나 전문 대행 업체를 부르면 됩니다. 하지만 여의치 않다면 과탄산소다 두 컵을 넣고 온수로 1회 세탁 코스를 돌려주면 전문 세정제보다는 세정력이 떨어질 수 있지만 유사한 효과를 얻을 수 있습니다. 세탁기 사용 빈도에 따라 다르지만 월 1회 정도 청소해주면 깔끔하게 유지할 수 있습니다.

드럼세탁기 세탁조 테두리에는 고무 패킹이 있습니다. 이곳에는 각종 의류의 찌꺼기, 물때, 묵은 때가 많이 쌓이기 쉽습니다. 홈이 좁은 고무 패킹은 나무젓가락과 마른걸레를 이용하여 말끔히 닦아주세요. 또 세제와 섬유 유연제를 넣는 투입구 역시 세제 찌꺼기가 들러붙어 곰팡이나 악취의 원인이 되기도 합니다. 세제 통을 분리해 세제 투입구를 말끔히 청소하도록 합니다. 빨래를 마친 뒤에는 세탁기 뚜껑과 세제 통을 열어 습하지 않은 상태를 유지하는 것이 오염을 줄일 수 있는 방법입니다.

건조기 역시 사용 후 관리가 중요합니다. 건조기를 돌리면 안에 습기가 남아 있을 수 있기에 사용 후 환기를 해야 합니다. 환기가 안 되면 곰팡이가 생길 수 있고 쿰쿰한 냄새가 발생할 수 있습니다. 또 건조기 물통은 사용 후 바로 비워주세요.

건조기 관리 시 가장 중요한 것은 필터입니다. 건조기 사용 후 먼지 필터를 분리해 먼지를 제거해 주세요. 먼저 물티슈 등을 이용해 큰 먼지 덩어리를 제거하고 필터 망에 껴 있는 작은 먼지를 흐르는 물에 부드러운 칫솔로 떨어내고 잘 헹군 후에 그늘에서 완전히 말려줍니다. 세척 시 세제나 거친 솔은 사용하지 말아야 하고 필터가 젖은 상태로 끼우면 세균 번식이나 냄새가 날 수 있으니 완전히 건조시킨 후 끼워줍니다.

올바른 과탄산소다 사용법

◆ 분말 상태로 보관하기

과탄산소다를 물에 탄 채로 보관할 경우 산소가 발생해 터질 수 있습니다. 따라서 과탄산소다액은 필요할 때 바로 만들어 사용하고 꼭 분말 상태로 보관해야 합니다. 또한 분말 형태의 과탄산소다나 물에 녹인 과탄산소다가 호흡기를 통해 폐로 들어가면 유해하기 때문에 사용 전에 반드시 마스크를 착용하고, 스프레이 형태로 사용하는 것을 피해주세요.

◆ 절대 락스와 혼합하지 않기

락스와 함께 사용할 경우 호흡기 건강을 해칠 수 있는 염소가스가 다량으로 발생합니다. 염소가스는 안구, 호흡기 점막 등에 자극을 줄 수 있습니다. 이런 위험성이 있기에 시중에서 판매하는 과탄산소다 제품을 살펴보면 주의 사항에 '염소계 제품(락스 등)과 함께 사용하시면 염소가스가 나와 위험하므로 함께 사용하지 마십시오'라는 문구가 있습니다.

◆ 금속 지퍼나 장식품 옷에 사용하지 않기

과탄산소다는 스테인리스 이외 금속을 부식시킵니다. 따라서 알루미늄, 무쇠 냄비, 프라이팬에는 사용하지 않도록 합니다. 세탁할 때도 금속 지퍼나 장식품이 있는 옷에는 사용하지 않는 것이 좋습니다.

◆ 연소성 물질과 함께 두지 않기

과탄산소다를 가스레인지, 라이터, 난로 등 가연성 물질과 함께 두면 화재 및 폭발 위험이 있습니다. 따라서 분리된 공간에서 사용해야 합니다.

◆ 피부에 닿지 않도록 하기

과탄산소다는 pH10 이상의 강알카리성이므로 세탁이나 표백 등의 청소에만 사용해야 합니다. 다만 과탄산소다 가루가 피부에 닿으면 자극이 되어 피부염을 유발할 수 있습니다. 피부에 직접 닿지 않도록 보호 장갑이나 고무장갑을 착용하도록 합니다.

◆ 식용으로 사용하지 않기

과탄산소다를 식용으로 사용해서는 절대 안 됩니다. 베이킹소다나 구연산은 식품이나 주방용품에 쓸 수 있지만, 과탄산소다는 과일 세척이나 그릇 세척용으로는 부적합하기에 반드시 세탁이나 청소를 할 때만 쓸 수 있다는 점에 유의해야 합니다.

◆ 과탄산소다 섭취 시 응급조치 요령

과탄산소다 분말이 눈에 들어갔을 때 화학 물질이 남지 않을 때까지 많은 양의 흐르는 물로 눈을 충분히 씻은 후(15~20분), 의사에게 진찰과 진료를 받으세요. 만약 과탄산소다를 섭취했을 때에도 즉시 의사에게 진찰과 진료를 받아야 합니다. 의식이 있다면 희석을 위해 2~4잔의 물을 마시고, 의식이 없다면 옷을 느슨하게 하고 누워 있어야 합니다. 만약, 아이가 섭취한 경우라면 어떤 것도 주지 말고 억지로 토하게 하지 마세요.

7

단단한 물체 표면의 위생

코로나19 이후로 손 씻기의 중요성에 대해서는 전 국민이 너무 잘 인식하고 있습니다. 외출 후 손 씻기는 일상이 되었고, 어디를 가든 손 소독제는 필수품이 된 지 오래입니다. 그럼에도 우리 손에는 여전히 세균이 많습니다. 우리가 자주 만지는 것들은 이미 세균의 서식지라 생각해도 무방합니다. 특히 함께 이용하는 곳은 더 많이 더 자주 손이 닿기에 다른 사람 손에 있는 세균이 전부 옮겨져 있는 것과 같아 오염도는 아주 심각합니다.

여러 조사 기관에서 진행한 일반 가정집, 사무실, 어린이집, 의료시설 등 우리 가족이 일상생활을 하는 공간의 오염도를 조사한 결과에 따르면 사람 손이 자주 닿으면서도 청소를 자주 하지 않는 곳이 세균 수가 많은 것을 알 수 있습니다. 그러한 물건으로는 리모컨, 컴퓨터 키보드, 스마트폰, 자동차 열쇠, 문 손잡이, 정수기 꼭지, 화장실 수도꼭지, 침대 옆 조명 스위치 등이 있는데 위생의 정도를 비교할 때 항상 등장하는 변기와 비교하자면 훨씬 더 높은 수치입니다. 자주 청소하지 않으면 변기의 수십 배까지도 오염되어 있음을 확인할 수 있습니다. 그러니 실생활에서 우리 손이 자주 닿는 제품들도 소독과 관리가 필요합니다.

<구역별 평균 세균 수(CFU/mL)>

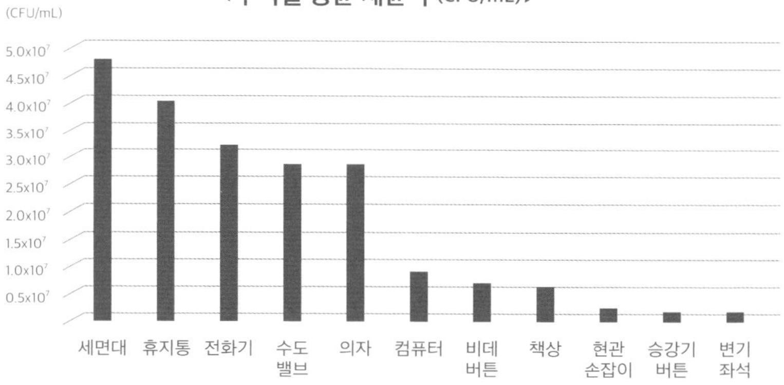

출처: 팜클 기술연구소, <2018년 릴라이온 버콘의 소독효과 보고서>.

1) 스마트폰, 컴퓨터 키보드, 리모컨

손이 자주 닿는 제품 중 주기적인 소독이 필요한 가장 대표적인 제품이 바로 스마트폰입니다. 우리나라 성인들의 하루 평균 스마트폰 사용 시간은 3시간 정도로 우리에게 스마트폰은 일상을 살아가는 데 동반자라 할 만큼 아주 중요한 물건입니다. 이런 스마트폰에 설사와 대장 출혈을 부르는 대장균, 패혈증을 일으키는 연쇄상구균, 식중독의 원인인 황색포도알균 등이 서식하는 것으로 나타났습니다. 실제로도 스마트폰을 통해 이러한 병원균이 전염될 수 있다는 것이 보고되고 있습니다. 심지어 스마트폰의 미생물 오염도는 화장실 변기 손잡이보다 심각한 것으로 나타났는데, 이처럼 스마트폰의 오염도가 높은 이유에 대해 연구진은 많은 사람이 스마트폰을 화장실에 들고 가기 때문이라고 추정합니다. 스마트폰 위생 상태만 두고 봤을 때 스마트폰은 일상생활의 동반자가 아니라 일상을 위협하는 세균과 바이러스 덩어리라 불러도 무방합니다. 면역력이 약한 노약자나 아이들의 경우 스마트폰으로 인해 세균에 노출될 수 있습니다. 따라서 건강을 위해서라도 스마트폰을 주기적으로 살균 및 소독하는 것을 추천드립니다.

스마트폰 이외에도 우리가 매일 손으로 만지는 것으로 키보드와 리모컨이 있습니다. 키보드는 자판 사이사이 껴 있는 먼지, 머리카락, 과자 부스러기 등 각종 이물질과 세균이 모여 사는 곳입니다. 이외에도 집 안에서 아무렇게나 굴러다니며 여러 사람 손을 거쳐 하루에도 수십 번씩 손가락으로 누르는 리모컨도 세균 집합소입니다. 우리 손에서 나오는 땀이나 각질, 먼지 등으로 인해 수많은 세균이 서식하고 있습니다. 리모컨은 먼지가 잘 들러붙고 작은 버튼도 많고 복잡해 청소하기가 쉽지 않습니다.

가정에서 가장 쉽고 간단하게 소독할 수 있는 방법은 상비약으로 가지고 있는 일회용 알코올 솜을 이용하는 것입니다. 알코올 솜이 개별 포장되어 있기에 위생적이고 휴대하기도 간편합니다. 소독용 알코올 솜이 없어도 코로나 시대를 거치면서 다들 알코올 손 소독제가 집에 있을 겁니다. 에탄올 함량이 60% 이상인 소독제가 있다면 살균 소독 효과를 얻을 수 있습니다. 이외에 옥손 성분으로 환경부에서 허가를 받은 살균 소독제를 이용해 살균 소독을 할 수 있습니다. 옥손은 코로나19 바이러스를 1분 내 제거하는 효력을 가지고 있어 이런 제품을 이용하면 코로나19 바이러스도 제거하면서 동시에 살균 소독을 할 수 있습니다. 살균 소독하는 방법은 헝겊에 살균 소독제를 조금 도포한 후, 스마트폰을 닦은 후 말리면 됩니다. 이때 스마트폰 케이스도 같이 닦고 말려줍니다.

기계식 키보드는 먼저 컴퓨터 본체와 분리하고 키보드를 뒤집어서 살살 치면서 공기 압축 스프레이로 키캡 사이사이의 이물질을 제거해 줍니다. 그리고 살균 소독제를 적신 면봉으로 키캡을 닦아줍니다. 시간적 여유가 있다면 키캡을 하나하나 빼서 닦아주면 훨씬 깨끗해집니다. 캡을 빼낼 때는 나중에 조립할 때를 위해 캡 위치를 사진 찍어두고 캡 조립 방식도 잘 기억해 둡니다. 빼낸 캡들은 잘 세척하고 서너 시간 실온에서 건조해 물기를 완전히 말려줍니다. 키보드 밑판은 칫솔을 이용해 먼지를 살살 털어주고 살균 소독제를 솜에 묻혀 조심스럽게 닦아줍니다. 리모컨을 닦을 때에도 살균 소독제를 이용해서 면적이 넓은 부분은 거즈나 수건으로, 좁은 틈새는 면봉이나 이쑤시개에 휴지를 끼워 구석구석 닦아줍니다.

2) 책

책은 손이 닿는 물건이기도 하고, 책장에 보관하는 물건이기에 손때뿐 아니라 먼지, 이물질, 세균까지 묻어 있을 가능성이 높습니다. 도서관에서 대여해 오는 책 역시 사정은 다르지 않습니다.

가끔 오래된 책을 펼쳐보면 겉으로 깨끗하게 보여도 어딘가 모르게 꿉꿉한 냄새가 날 때 있습니다. 오래된 책에는 균을 먹는 '책벌레'라고 불리는 먼지다듬이가 서식하고 있습니다. 이 벌레는 먼지로 오해할 만큼 몸길이 0.6mm 미만으로 아주 작습니다. 먼지다듬이는 곰팡이가 많고 습한 환경에서 주로 발생하며 암수 구분이 없어 빠르게 번식합니다.

이처럼 우리가 인지하지 못할 뿐 책에는 먼지와 세균 외에도 곰팡이, 벌레 등이 서식할 수 있습니다. 시중에 가정용 책 소독기도 판매하지만 가격이 너무 비싸기도 하고 공간을 차지합니다.

가정에서 손쉽게 실천할 수 있는 방법은 바로 햇볕에 소독해 주는 것입니다. 먼저 눈에 띄는 오염 물질을 깨끗하게 닦아주고 베란다에서 한 장 한 장 넘기면서 '툭툭' 턴 다음 햇빛에 말려줍니다. 책을 세워서 각 페이지에 바람이 들어가게 해서 햇볕이 잘 들고 통풍이 잘 되는 곳에 두면 좋습니다. 다만 자외선에 너무 오래 노출시키면 책이 바랠 수 있습니다.

올바른 물티슈 사용법

표면 위생을 위해 가장 많이 사용되는 물티슈는 우리와 일상을 함께하고 있지만 사회적으로 논란이 많은 품목이었습니다. 세균 물티슈부터, 4급 암모늄 물티슈 등 소비자를 불안하게 한 안전성 문제로 인해 정부에서는 2015년 7월 이후 물티슈를 식품의약품안전처 관리 대상에 포함했습니다. 이렇게 정부의 규제와 노력으로 과거에 비해 양질의 물티슈들이 출시되었지만 많은 제품 중에서 어떤 기준으로 골라야 할지, 조금 더 위생적으로 사용할 수 있는 방법 등에 대해 살펴보도록 하겠습니다.

◆ 성분

물티슈의 구성은 대부분 물과 보존제, 원단(레이온, 면)으로 이루어져 있고 업체에 따라 소량의 보습제나 향을 추가해 만듭니다. 물티슈 성분의 대부분을 차지하는 물은 공기와 접촉하면 세균과 곰팡이가 생겨 부패할 수 있습니다. 따라서 물티슈에는 제품의 변질을 막기 위해 보존제 성분이 필수적으로 포함됩니다. 이 때문에 보존제의 위해성은 알고 사용하는 것이 좋습니다. 안전성이 확보된 보존제라고 하더라도 민감한 피부일 경우 알레르기나 발진 등이 발생할 수 있으므로 사용 전 손목에 미리 사용해 이상 유무를 확인하는 것이 좋습니다.

◆ 원단

물티슈 원단은 정부에서 지정한 것이 없기에 시중에는 다양한 원단이 물티슈에 사용되고 있습니다. 그중 가장 큰 비중을 차지하는 원단은 폴리에스터, 폴리프로필렌 등으로 플라스틱 성분(부직포)입니다. 여기에 고급 원단인 레이온을 얼마나 혼합하느냐에 따라 가격이 결정됩니다.
레이온은 목재 펄프로 만들어지는 재생 섬유이기에 부드럽고 흡수성이 좋지만 구김이 많아 물티슈를 제작할 때는 합성 섬유를 혼합해 사용합니다. 하지만 혼합 섬유는 재활용이 어려워 분해 과정 중 환경 문제를 일으킬 수 있다는 사실이 이슈화되면서 100% 레이온으로 만든 친환경 물티슈 등 생분해되는 물티슈를 표방한 제품들이 최근 출시되고 있습니다. 하지만 레이온 원단의 특성상 친환경 소재라고 단언하기에는 힘든 부분이 있기에 환경에 영향을 끼치지 않는 물티슈는 없는 셈입니다. 물론 원단을 까다롭게 고르고 물티슈 사용에 신중하게 접근하는 태도는 중요하지만 잘못된 정보를 무조건적으로 믿기보다는 여러 종류의 제품을 사용하며 피부에 자극성, 수분감, 간편성, 섬유 찌꺼기의 유무 등을 테스트해 보는 것이 좋습니다.

◆ 유통기한

음식의 신선도가 중요하듯 물티슈 선택에서 잊지 말아야 할 부분도 신선도입니다. 물티슈는 물이 99% 이상 포함된 상품이기에 유통 및 보관 과정 중 변질 우려가 있어 가급적 최근 제조 제품을 구입하는 것이 좋습니다. 따라서 구입 전 유통기한과 제조일을 꼼꼼하게 확인하는 것이 좋습니다. 또한 물티슈를 촉촉하게 위생적으로 사용하려면 1개월 이내 사용을 추천합니다. 사용 후에는 이물질이 들어가지 않도록 캡을 꼭 닫고 가능하면 서늘한 곳에 뒤집어서 보관합니다. 뒤집어 두면 수분이 아래로 이동하기 때문에 항상 촉촉하게 사용할 수 있습니다.

◆ 물티슈 안전하고 바르게 사용하는 생활 습관

앞서 말했듯 유통기한 내 물티슈를 사용하고 평소 보관 방법도 신경 써서 지킨다면 물티슈 내 세균 번식을 줄여 보다 위생적으로 사용할 수 있습니다. 또한 영국 카디프대학 연구 팀 발표에 따르면 병원에서 사용하는 물티슈 7종을 이용해 3곳의 표면을 연속적으로 닦은 후 감염균 검출 여부를 조사하였는데 슈퍼 박테리아 일종인 메티실린 내성 포도알균(MRSA) 클로스트리듐 디피실(*C.difficile*)균 등의 세균 포자가 발견되었습니다. 따라서 가급적 한 장의 물티슈로 여러 곳에 재사용하지 말아야 하며 사용 후에는 반드시 쓰레기통에 버려야 합니다.

◆ 직접 만들어 사용하는 물티슈, 100% 안전할까?

방부제 성분이 사회적으로 문제가 되다 보니 가정에서 직접 물티슈를 만들어 사용하는 분들도 있습니다. 물과 건티슈를 분리해 필요할 때 물을 부어 물티슈를 만들어 사용할 수 있는 제품도 있습니다. 보존제와 살균제가 없어 안심하고 사용하는 분이 많지만 화학적인 방부제가 없으면 세균이 번식하기 쉬우므로 100% 안전하다고 생각할 수는 없습니다. 따라서 반드시 하루 동안 쓸 양만 만들어 사용하고 남는 것은 폐기해 주세요.

8

우리 집 실내 공기 위생

황사나 미세 먼지가 기승을 부리는 날에는 야외 활동을 줄이고 실내에 머무르게 됩니다. 그럼 우리 집 실내 공기는 과연 안심해도 될까요? 세계보건기구WHO에 따르면 매년 실내 공기 오염으로 사망하는 사람(430만 명)이 실외 공기 오염 사망자(370만 명)보다 많다고 합니다.

우리나라 정부에서 규정한 「실내 공기질 관리법」에 따르면 실내 공기 오염 물질은 실내 공기 오염의 원인이 되는 가스와 떠다니는 입자상 물질 등으로 17가지의 물질을 정하고 이를 관리하고 있습니다. 미세 먼지(PM-10), 이산화탄소, 폼알데하이드, 총부유 세균, 일산화탄소, 이산화질소, 라돈randon, 휘발성 유기 화합물, 석면, 오존, 초미세 먼지(PM-2.5), 곰팡이, 벤젠benzene, 톨루엔tolnene, 에틸벤젠ethylbenzene, 자일렌xylene, 스티렌styrene이 해당합니다.

우리가 호흡하면서 내뱉는 이산화탄소는 물론이고 각종 전자 제품에서 나오는 화학 오염 물질들, 요리할 때 만들어지는 일산화탄소, 아황산가스나 기름을 사용하면서 생기는 미세 먼지가 있습니다. 따라서 바깥에 대기 오염 물질이나 미세 먼지가 많다고 창문을 꼭꼭 닫고 있으면 실내에서 발생하는 각종 유해 물질로 오히려 더 바깥보다 오염이 심해지기도 합니다. 실제로 실내에서 고기를 구울 때 생기는 초미세 먼지는 환기 여부에 따라 집 안과 밖이 최대 9배 이상 차이가 난다는 연구 결과도 있습니다. 또한 집 안을 새로 단장하면 새 가구나 벽지 등에서 뿜어져 나오는 휘발성 화학 물질도 많습니다. 새집 같은 경우 콘크리트에서는 라돈, 합판과 단열재에서는 폼알데하이드, 페인트와 접착제에서는 휘발성 유기화합물을 내뿜습니다. 그렇다고 헌집이 안전한가 하면 꼭 그렇지도 않습니다. 건물이 낡으면서 발생하는 미세 먼지를 비롯해 오래된 배수관에서 나오는 메탄가스와 암모니아 등이 있기 때문입니다.

이런 상황에서 환기를 소홀히 하면 오염 물질의 농도가 높아지고 아무리 공기청정기를 돌린다고 해도 계속 발생하는 오염 물질을 100% 제거하기 어렵습니다. 밀폐된 실내에서 방출되는 오염 물질은 실외보다 폐로 전달될 확률이 훨씬 높습니다. 이런 오염 물질에 지속적으로 노출되면 알레르기성 비염, 천식, 피로, 두통, 아토피 같은 피부병, 소화 장애 등 각종 질환에 걸릴 수도 있습니다.

실내 공기를 깨끗하게 하려면 어떻게 해야 할까요? 가장 좋은 방법은 창문을 활짝 열어 환기하고 신선한 공기가 통하도록 해야 합니다. 질병관리청에서도 실내 공기질을 위해 적절한 환기가 중요하다고 강조하고 있습니다. 미세 먼지로 뿌연 하늘에 환기하려 하니 걱정이 앞설 수 있지만 미세 먼지 '나쁨' 수치에도 자연 환기를 꼭 해주어야 합니다. 초미세 먼지가 보통인 날에는 하루 3번 30분 이상, 심한 날에도 하루 3번 이상 10분 정도는 환기를 해주세요. 실내 환기를 장기간 하지 않으면 이산화탄소 등 유해 물질이 축적되어 더욱 해로울 수 있습니다.

환기할 때도 요령이 있습니다. 이왕이면 미세 먼지가 덜 한 시간대를 확인한 뒤 환기해 주는 게 좋습니다. 늦은 저녁이나 새벽엔 대기 중 오염 물질이 정체되어 있기에 오전 10시부터 오후 9시 사이가 적당하며, 채광량이 많은 낮 시간대에 하면 더욱 효과적입니다. 환기를 할 때는 맞바람이 불 수 있도록 문과 창문을 동시에 열어줍니다. 환기를 마친 후에는 공기 중에 떠다니는 미세 먼지가 물 분자를 만나서 바닥으로 가라앉기에, 물걸레질을 해주는 것이 좋습니다. 특히 아이가 있는 집은 아이가 바닥에서 기어 다닐 수 있기에 번거롭더라도 해주면 좋습니다.

또 청소할 때는 미세 먼지가 발생할 수 있으니 마스크를 쓰고, 외부 공기가 맑은 날이라면 창문을 활짝 열고 청소하는 것이 바람직합니다. 그리고 미세 먼지를 피하려면 식사 1시간 전에는 청소하지 않는 게 좋고 기어 다니는 아이들은 청소할 때 옆에 있지 않도록 해야 합니다.

1) 올바른 공기청정기 사용법

공기청정기는 효과를 최대화하기 위해 제품 용량이 공간 면적의 1.3~1.5배 이상인 것으로 선택하는 것이 좋습니다. 집 안에 한 대만 사용하고 있다면 한 곳에 고정하지 않고 장소를 옮겨가면서 사용하는 것이 정화 효과를 높일 수 있습니다.

공기청정기 필터는 대개 3단계로 구성되어 있는데 큰 먼지를 잡아주는 프리 필터, 음식·화학 냄새 등을 잡아주는 탈취 필터, 미세 먼지를 잡아주는 헤파 필터로 3중 필터가 공기를 정화하고 있습니다. 1차 필터인 프리 필터는 물 세척이 가능하기에 주기적으로 세척하고 말려서 사용할 수 있습니다. 2차 필터인 탈취 필터는 숯을 원료로 하는 카본 필터가 많이 사용되는데 사용량에 따라 정기적(6~12개월)으로 교체해야 합니다. 3차 필터인 헤파 필터는 0.3μm 크기의 미세 입자인 미세 먼지, 세균 등을 99.97% 이상 제거해야 헤파 필터로 인증되는 필터입니다. 이 필터 또한 정기적인 교체가 필요합니다. 그리고 공기청정기 사용 서 오존^{O_3}이 발생할 수 있는데, 한국공기청정협회에서는 밀폐된 실내에서 공기청정기를 작동할 때 발생하는 오존 농도가 0.03ppm 이하일 경우 CA$^{\text{Clean Air}}$ 인증을 발급하므로 인증 여부를 확인하고 구입하면 됩니다.

공기청정기 위생에서 가장 중요한 것은 필터나 부품을 적절한 시기에 교체해 주는 것입니다. 필터를 교체하지 않고 계속 사용하면 공기청정기의 효율이 떨어질 뿐 아니라, 내부에 세균이 번식할 수 있기에 실내 공기를 오염시키는 주범이 될 수 있습니다. 또한 세척이 가능한 필터가 있는 제품이라면 권장된 세척 방법으로 적어도 2주에 한 번은 세척해야 합니다. 더불어 쾌적한 실내를 위해선 자연 환기와 공기청정기 가동을 주기적으로 병행하며 공기가 순환할 수 있도록 합니다.

2) 올바른 에어컨 사용법

대개 우리는 여름철에 에어컨을 가동한 후, 가을이 되면 플러그를 뽑고 방치하기 쉽습니다. 그러다 다시 여름철이 되면 사용하고 가을이 되면 방치하고, 매해 이런 과정의 연속입니다. 지난해 여름 쉴 틈 없이 돌아갔던 에어컨의 위생 상태는 어떨까요?

에어컨 필터 부분을 열어보면 바로 알 수 있습니다. 에어컨 필터는 공기 중의 이물질을 걸러주는 역할을 하기에 먼지와 세균이 많을 수밖에 없습니다. 이 상태에서 에어컨을 가동하게 되면 그 먼지를 다시 마시는 셈이 됩니다. 더 심각한 것은 먼지 속에 세균과 곰팡이가 어마어마하게 증식해 있다는 사실입니다. 에어컨은 습기가 많은 더운 공기를 빨아들인 후, 냉각핀 사이로 통과시켜 찬 공기를 내보냅니다. 이때 온도 차에 의한 수분과 습기가 제대로 배출되지 못하면 곰팡이와 세균이 번식합니다.

간혹 지난해 가동한 에어컨에서 퀴퀴한 냄새가 날 때가 있습니다. 원인은 내부에서 막대하게 증식한 세균, 곰팡이 때문일 수 있습니다. 에어컨 내부는 습한 환경이라 세균이나 곰팡이가 증식하기에 최적의 조건입니다. 한번 생긴 곰팡이는 조건에 따라 그 생장 속도가 빨라지면서 순식

간에 퍼지게 되고, 살균제로 처리해도 쉽게 죽지 않거나 금방 다시 재발하게 됩니다. 이러한 유해균들은 에어컨 작동을 멈춘다고 사라지거나 죽지 않고 오히려 더욱 증식합니다.

에어컨을 가동하게 되면 레지오넬라균Legionella의 감염을 조심해야 합니다. 레지오넬라증은 제3급 법정 감염병으로 지정되어 있는데 감염 사건이 연간 30건 내외로 발생하고 있습니다. 이는 에어컨 냉각수에 서식하고 있던 레지오넬라균이 에어컨 작동과 동시에 공기 중으로 퍼져 호흡기로 흡입되면서 발생합니다. 전염성이 강한 질환이라서 빠르게 병균이 퍼져나가기 때문에 특히 면역력이 약한 아이들이 걸리기 쉽습니다. 초기 증상은 냉방병 혹은 몸살감기와 비슷해 무심코 지나쳐 버릴 수 있지만 계속해서 마른기침, 두통, 발열이 지속된다면 의심해봐야 하며 즉시 병원을 방문해야 합니다. 이 균의 감염을 막기 위해 냉각기 청소는 물론 정기적인 필터 교체와 청소를 병행해야 합니다.

만약 냄새가 난다면 기기 작동을 바로 멈추고 에어컨 청소를 해줘야 합니다. 냄새가 날 정도라면 이미 내부는 심각하게 오염되어 있다고 봐야 합니다. 설사 냄새가 나지 않더라도 절대 안심해서는 안됩니다. 세균은 애초에 육안으로 확인되지 않을뿐더러 에어컨을 1회 이상 사용했을 시, 유해균들이 이미 증식했을 가능성이 높습니다. 그 공기를 들이마시면 기관지, 폐 등 호흡기에 들어와 인체에 해를 끼칠 수 있으니, 냉방기기 작동 전 청소는 선택이 아니라 필수입니다. 필터를 일정 기간 청소하지 않고 사용할 경우, 호흡기 건강에 해로울 뿐만 아니라 냉방 효율 또한 떨어집니다. 이런 속사정을 모른 채 필터를 청소하지 않고 계속 온도를 내리면 에너지 효율이 떨어지고 전기요금은 올라갑니다.

가장 좋은 방법은 작동 전에 에어컨을 전부 분해해서 청소하는 것입니다. 에어컨에는 육안으로 보는 것보다 다양한 오염 물질이 존재합니다. 전문 업체를 불러서 에어컨 내부 청소와 점검까지 받는 것이 가장 확실하지만 비용이 부담됩니다. 하지만 가정에서도 간단한 필터 청소는 할 수 있습니다. 조금 번거롭고 귀찮을 수 있지만 에어컨 사용 전 필터 청소는 필수입니다. 한국소비자원에서는 에어컨 청소 주기는 2주 1회를 추천합니다. 필터 청소만으로도 좀 더 쾌적하고 위생적으로 사용할 수 있습니다.

마지막으로 실외기도 청소해 주세요. 대개 에어컨 실외기는 외부에 있다 보니 청소에 소홀한 경우가 많습니다. 하지만 실외기 주변의 물건을 정리하고 먼지를 제거해 주는 것만으로도 에너지 효율을 높일 수 있습니다. 에어컨 화재의 대부분이 실외기 관리 소홀로 비롯되기에 실외기를 청소해 주면 화재 위험으로부터 안전해질 수 있습니다. 에어컨 내외부 청소를 잘 마쳤다면 본격적으로 가동할 차례입니다. 이때 좀 더 쾌적하고 효율적으로 사용하려면 어떻게 해야 할까요?

작동 초기에 환기하기

대개 에어컨을 작동하면 냉기가 빠져나갈까 싶어 문을 닫습니다. 하지만 작동 후 5분 동안은 환기를 해주세요. 1시간 동안 에어컨에서 배출된 곰팡이 양을 1분 단위로 분석한 결과, 작동 후 3분 동안 배출된 곰팡이의 양이, 60분 동안 배출된 곰팡이 양의 약 70%라는 조사 결과가 있습니다. 아이들은 특히 이 곰팡이를 마시게 되면 알레르기뿐만 아니라 만성적인 천식까지 생길 수 있습니다. 그러니 적어도 가동 후 5분 정도 환기를 해서 곰팡이가 나가도록 하는 것이 좋습니다.

또 에어컨 사용 중 바로 전원을 종료하면 찬 공기가 안에 갇힌 채 그대로 날개 뚜껑이 닫혀 내부에 결로가 생기게 됩니다. 그러면 내부 습도가 올라가게 되고 세균과 곰팡이가 증가하고 냄새가 날 수 있습니다. 비 오는 날에 수건을 널어놓으면 잘 마르지 않아 냄새나는 것처럼 말입니다. 에어컨 제조사에서 사용 후 건조하지 않으면 냄새가 발생할 수 있다고 강조하는 게 바로 이런 이유입니다. 전원을 끄기 전 20분 정도 송풍 기능을 이용해 먼저 찬 공기를 식혀 세균과 곰팡이를 방지하는 것이 좋습니다.

주기적으로 환기하기

습기를 머금은 공기가 차가운 에어컨의 냉각핀에 닿으면서 온도 차에 의해 습기를 빼앗겨서 생기는 현상입니다. 따라서 냉방이 지속되면 습도가 자연스레 낮아지게 되는데 이는 호흡기 점막을 건조하게 해 감기에 취약한 환경이 만들어집니다. 특히 면역력이 약한 아이들은 호흡기 질환에 노출될 확률이 높아 주의가 필요합니다. 에어컨을 1시간 이상 가동하면 가동 후 10~20분 정도 환기를 해주는 것이 좋습니다.

필터와 냉각핀 청소 주기적으로 하기

에어컨 필터를 2주에 한 번 정도 청소해주면 곰팡이를 감소시키는 것은 물론 냉방 효율이 높아져 전기요금을 줄일 수 있습니다. 에어컨은 제조사별로 필터의 종류와 개수가 조금씩 다르지만 청소 방법은 비슷합니다. 필터는 물청소가 가능한 것과 불가능한 것으로 나누어지는데 잘 구별해서 청소 가능한 필터만 빼면 됩니다.

<에어컨 청소 및 관리법>

청소 주기	2주에 한 번 정도
에어컨 청소 방법	1. 에어컨 청소 전 미리 콘센트를 뽑기 2. 에어컨 필터를 분리하기 3. 에어컨 필터에 붙어 있는 먼지를 1차적으로 제거한 뒤 흐르는 물에 씻기 4. 먼지가 많은 경우 중성 세제나 비눗물을 활용해 세척하기 (*뜨거운 물을 사용하거나 지나치게 비빌 경우 필터 변경 우려가 있으니 주의) 5. 세척한 필터는 바람이 잘 통하는 그늘에서 건조해주기

청소법은 간단합니다. 먼저 에어컨에서 필터를 분리한 뒤 진공청소기나 부드러운 솔을 이용하여 1차적으로 먼지를 제거합니다. 그 후 흐르는 물에 씻어줍니다. 먼지가 많을 때에는 중성 세제 혹은 비눗물을 활용해 세척하는 게 좋습니다. 이때 뜨거운 물을 사용하거나 지나치게 비벼 빨 경우 필터가 변형될 수 있으니 주의가 필요합니다. 다 씻은 필터는 햇볕에 말리면 변형 위험이 있어 바람이 잘 통하는 그늘에서 반나절 정도 말리면 됩니다.

간혹 필터에 살균 제품을 뿌리기도 하는데요. 필터 자체의 원리는 정전기입니다. 살균 제품을 뿌리면 냄새는 없어질 수 있지만, 정전 기능이 없어질 수도 있습니다. 사용 전 적합한 제품인지 확인하시기 바랍니다.

이때 사용하는 살균제는 환경부에 등록된 제품인지 확인하고 사용하면 됩니다. 몇 년 전 발생된 가습기 살균제 사건의 영향으로 현재 모든 등록된 살균제는 환경부에서 관리되고 있고, 만약 허가된 성분을 사용했을지라도 유해한 살균제 성분이 조금이라도 있을 경우 성분명을 모두 표기하게 되어있습니다.

필터 청소를 마쳤다면 필터 뒤에 있는 금속판인 냉각핀도 잘 닦아줘야 합니다. 냉각핀 역시 물, 먼지, 이물질 등이 있어 세균 및 곰팡이 등이 증식하기 쉽습니다. 냉각핀을 청소하지 않은 상태로 에어컨을 가동하면 냉각핀에 서식하는 세균과 곰팡이가 방출되어 각종 질환을 유발할 수 있습니다. 냉각핀은 분무기를 이용해 전용 세정제나 락스 희석액을 뿌린 뒤 부드러운 솔로 표면에 묻은 먼지나 곰팡이를 닦아내면 되는데 냉각핀이 휘어지지 않게 결을 따라 위에서 아래로 쓸어내리면서 표면에 묻어 있는 먼지나 곰팡이를 닦아줘야 합니다. 그 후 물로 헹궈내고 드라이나 선풍기로 잘 말리는 것도 잊지 마시기 바랍니다.

<냉각핀 청소 및 관리법>

청소 주기	2주에 한 번 정도
냉각핀 청소 방법	1. 냉각핀 청소 전 미리 콘센트 뽑기 2. 분무기를 이용해 전용 세정제, 락스 희석액을 뿌린 후 부드러운 솔을 이용해 먼지와 곰팡이 닦기 (*냉각핀이 휘지 않도록 결을 따라 위에서 아래로 쓸어내리며 닦기) 3. 깨끗한 물로 헹군 후 드라이, 선풍기를 활용해 건조하기

3) 의외로 간편한 선풍기 청소법

공기 가전 중 두 번째는 바로 선풍기입니다. 가정에서 흔히 사용하는 선풍기는 모터에 연결된 날개가 바람을 만들어냅니다. 대부분 3~5개의 날개가 달려 있는데, 선풍기 뒤쪽에 장착된 모터가 공기를 빨아들여 바람을 만드는 방식입니다. 날개가 많을수록 바람을 여러 번에 걸쳐 잘게 쪼개 부드럽게 토출할 수 있으며 소음도 줄어듭니다. 반면 날개 수가 적을수록 바람이 더 멀리 간다는 장점이 있습니다. 다만 선풍기 날개는 끝부분이 날카로운 데다 고속 회전하기 때문에 자칫하면 다칠 위험이 있습니다. 아이들이 호기심에 날개 부분을 만지기 쉬우므로 벽걸이 선풍기나 에어컨형 선풍기를 사용하는 것이 좋습니다.

사용하는 계절이 지나 보관해 두던 선풍기 역시 에어컨과 마찬가지로 작동 전 청소는 필수입니다. 선풍기 청소 시 가장 귀찮은 것은 하나하나 분해하고 세척해야 한다는 점입니다. 이때 오염 물질을 잘 흡착하는 신문지의 성질을 활용한다면 간편하게 청소할 수 있습니다. 먼저 선풍기 외관을 신문지로 꼼꼼히 감싸줍니다. 그리고 분무기를 사용해 물을 뿌려준 뒤 5분간 기다립니다. 이후 신문지를 제거하면 됩니다. 마지막으로 신문지가 닿지 않는 사이사이의 부분은 물기를 머금은 신문지로 닦아주세요.

날개 부분도 마찬가지 방법으로 청소가 가능합니다. 선풍기는 날개 부분에 먼지가 쌓이기 쉬운데 선풍기를 작동하면서 이 먼지가 아이의 호흡기와 피부에 영향을 끼칠 수 있으므로 2주에 한 번은 물로 깨끗하게 닦아줍니다. 간혹 선풍기 안전망을 사용하는데 오래 사용하면 안전망에도 먼지가 쌓입니다. 대부분 면 소재라 안전망에서 나오는 먼지도 만만치 않습니다. 안전망도 깨끗한 관리가 필요합니다. 모터에 먼지가 쌓이다 보면 모터가 회전하며 가열하게 되어 화재를 유발할 수 있으니, 모터 또한 청소해주세요. 선풍기 헤드의 나사를 풀어 분리한 뒤 내부의 모터를 물티슈로 가볍게 닦아준 후 마른 천으로 물기를 제거합니다. 사이사이 제거하기 어려운 먼지는 칫솔을 이용하면 손쉽게 제거할 수 있습니다.

아이 있는 가정에서는 밖으로 드러나는 날개가 없어 안전해 보이는 날개 없는 선풍기를 사용하는 경우가 많습니다. 이 선풍기는 정확히 말하면 날개가 '없는 것'이 아니라, '숨겨져' 있습니다. 원통형 기둥 안에 나선 모양의 날개가 들어있습니다. 기둥에는 촘촘하게 구멍이 뚫려 있습니다. 이 구멍을 통해 외부의 공기가 유입되면서, 숨겨진 나선형 날개가 빠르게 회전하면서 선풍기 상단의 원형 고리 부분으로 바람을 밀어 보내는 원리입니다. 하지만 '날개 없는 선풍기' 역시 주기적인 관리가 필요합니다. 내부를 제대로 청소하지 않으면 선풍기가 세균 저장고가 될 수 있습니다. 실제로 D사의 선풍기는 공기 중 감염 위험을 높여 영국 병원들에서 퇴출된 것으로 알려져 있습니다. 국내에서도 D사의 선풍기가 먼지와 이물질이 쌓여 세균 저장고 역할을 하면서 병원 내 감염 환자 수가 늘었다고 합니다. 그러니 날개 없는 선풍기 역시 먼지와 이물질이 쌓이기에 내부를 분해해서 주기적으로 청소해 주어야 합니다.

4) 올바른 제습기 사용법

제습기는 습기 많은 공기를 빨아들여 눅눅함을 없애 집 전체를 쾌적하게 해줍니다. 덕분에 집 안 공기는 물론 기분까지 뽀송한 느낌이 듭니다. 에어컨의 제습 기능은 장소를 고정한 채로 사용해야 하는 한계가 있지만 제습기는 필요한 장소로 쉽게 옮길 수 있고 젖은 신발이나 빨래를 단시간에 건조하며 베란다, 보일러실, 욕실 등 특정 공간의 습기를 제거하는 데 효과적입니다. 그래서 제습기 또한 생활 필수 가전이 되고 있습니다. 다만 제습기 또한 관리를 소홀하게 하면 내부에서 번식한 미생물이 공기 중으로 빠르게 퍼져 각종 알레르기 질환, 호흡기 질환 등을 유발할 수 있습니다. 아무리 좋은 제습기를 구매해도 제대로 관리하지 못하면 효과가 떨어지기에 주의 사항을 잘 지켜 안전하고 효율적으로 사용하시기 바랍니다.

사용할 때는 문을 닫고 사용한 뒤에는 문을 열자

에어컨의 제습과 제습기의 제습은 외부 공기를 빨아들여 온도를 낮춘다는 점에서 작동 원리가 같습니다. 온도가 낮아질수록 수증기 포화량이 적어지기 때문에 온도를 응결점까지 낮춰 수증기를 액화시키는 것입니다. 다만 두 기기의 차이는 온풍 배출 방법에 있습니다. 에어컨은 온도가 높아진 공기를 실외기를 통해 밖으로 배출합니다. 이에 비해 제습기는 증발기와 응축기가 일체형으로 되어있어 실외기가 따로 없기 때문에 온도가 높아진 공기를 실내에 배출해 내부 온도는 다소 올라갈 수 있습니다.

제습기를 사용할 때는 외부의 습한 공기가 들어오지 않게 방문이나 창문을 닫은 채 사용하는 것이 효율적입니다. 외부의 습한 공기가 계속 유입되면 제습 효과가 낮아지기 때문입니다. 이는 에어컨 사용 시 창문을 열고 작동하면 내부 온도가 빨리 떨어지지 않는 원리와 유사합니다. 그래서 밀폐된 공간에서 제습기를 사용하면 열과 함께 배출되는 건조한 공기로 실내 온도가 높아질 수 있습니다. 또한 작동 시 배출되는 높은 온도의 건조한 공기는 거동이 힘든 노약자나 어린이들의 호흡 곤란을 야기할 수 있기에 주의해야 합니다. 따라서 밀폐된 공간에서 제습기를 사용하는 경우 창문을 조금이라도 열어 환기가 될 수 있도록 합니다.

간혹 제습기를 밀폐된 공간에서 사용하면 산소 부족 현상이 발생한다는 이야기도 있습니다. 하지만 이는 정확한 설명은 아닙니다. 실내 공기가 건조해지면, 우리의 기도가 말라 숨쉬기도 어려워져 당연히 눈과 피부가 건조해집니다. 이를 마치 우리 몸에서는 산소 부족처럼 느끼는 것입니다. 따라서 제습기는 사람이 없는 공간에서 사용하는 게 좋습니다.

제습기를 사용한 후에는 반드시 환기를 해줘야 합니다. 밀폐된 상태에서 실내 공기가 오랫동안 고여있으면 오염 위험이 커지므로 환기해서 내부 공기를 순환하는 것이 좋습니다. 문을 열면 자연 환기가 되고 상승된 내부 온도도 자연스럽게 낮아집니다.

주기적인 필터 교체

아무리 비싸고 성능이 좋은 제습기라도 청소와 관리가 잘 안된다면 문제를 일으킬 수 있습니다.

제습기는 내부에 세척이 가능한 필터와 불가능한 필터가 있습니다. 세척이 가능한 필터는 에어컨 필터의 세척법과 동일한 방법으로 청소해주며, 세척이 불가능한 필터는 주기적으로 필터를 교체해줍니다.

물통 청소하기

제습기는 특성상 항상 물이 계속 차 있는 곳이라 물통은 물이나 먼지, 이물질 등이 있어 세균이 살기 좋은 환경입니다. 사용 후 물통에 물이 차면 물통만 비우고 세척은 하지 않는데 물통을 씻지 않고 오랫동안 방치하면 세균이나 곰팡이가 번식해 건강에 악영향을 끼치게 됩니다. 사용 후에는 그때그때 물통을 바로 비워주는 것은 물론 주기적으로 청소해주세요. 오염을 제거하기 위해서는 중성 세제를 이용해 부드러운 천이나 스펀지로 깨끗이 씻은 다음 완전히 건조된 뒤 사용해야 합니다.

외부도 꼭 청소하기

제습기 외부도 부드러운 천으로 꼼꼼하게 닦아주세요. 물로 닦으면 절연성이 나빠지거나 얼룩이 생길 수 있으니 피합니다. 오염이 있다면 중성 세제를 푼 용액을 부드러운 스펀지에 적신 후 꼭 짜서 세제가 흐르지 않도록 한 후 오염 부분을 문질러 제거하고 깨끗한 물수건으로 닦아냅니다.

5) 올바른 가습기 사용법

가습기는 공간의 크기별로 적절한 용량이 있습니다. 공간 대비 작은 용량의 가습기를 구입하면 효과를 기대할 수 없기에 공간을 꼭 확인하시기 바랍니다. 가습기는 매일 청소해야 하기에 구조가 복잡하면 청소가 꺼려집니다. 꾸준한 관리를 위해 구조가 단순하고 분해 가능해 세척이 편한 제품을 구매하는 게 좋습니다.

물은 어떤 물이든 OK

가습기 물통에 어떤 물을 넣어야 할지 고민될 때가 있습니다. 수돗물, 생수, 정수기 물 등 모두 괜찮습니다. 다만 사용 후 가습기 안에 물이 남아있다면 물은 모두 버려주세요. 하루가 지나면 물에도 균이 번식해서 오염되기 쉽습니다.

내부 청소하기

가습기 종류를 불문하고 내부를 매일 청소해야 합니다. 가습기 종류마다 내부 세균 발생량에 차이는 있지만, 가습기의 미세한 물방울은 호흡기 깊숙이 침투해 호흡기 질환을 유발할 수 있기에 물통은 항상 청결하게 관리해주세요.

세제로 닦지 않기

가습기를 세척할 때 일반 세제를 사용하지 않는 것이 바람직합니다. 깨끗하게 헹궈도 남아 있는 세제가 수증기를 통해 배출되면 호흡기에 영향을 미칠 수 있습니다. 세척 시에는 세제 대신 구연산, 식초 등을 사용하는 것이 좋습니다. 구연산이나 식초는 수돗물에 있는 침전물, 무기물 제거에 효과적입니다. 물에 구연산을 희석해서 청소해주면 물때와 찌든 때를 지울 수 있습니다. 세척한 후 침전물이 남아 있다면 수세미로 닦아주세요. 그리고 흐르는 물에 깨끗이 씻어주면 됩니다. 마지막으로 가습기는 세척 후 바짝 건조한 후 사용해야 세균이나 곰팡이의 번식을 최소화할 수 있습니다.

9

집(기숙사) 입주 시 위생

집을 고를 때 우리는 해가 잘 드는지, 인테리어가 잘되었는지 등을 유심히 살핍니다. 여기에 하나 더 꼼꼼하게 살펴봐야 할 게 있습니다. 이사 갈 집의 위생 상태입니다. 곰팡이나 벌레의 흔적은 없는지, 악취가 나지는 않는지, 환기는 잘 되는지 등을 파악해야 합니다.

이사 가기 전에 봤을 때 분명 깨끗해 보인 집이 막상 짐이 모두 빠지고 난 뒤 확인해보니 오염이 너무 심해 망연자실하는 경우가 있는데 이러한 부분은 이사 후에 전 집주인에게 보상을 요구하더라도 해결이 쉽지 않아 법적 분쟁으로 이어지기도 합니다. 이런 불상사를 사전에 방지하려면 이사 전 위생 상태를 꼼꼼하게 확인하는 것이 중요합니다. 따라서 이제는 집을 보러 가기 전 어떤 부분을 중점적으로 살펴보겠다고 생각해 둔 리스트에 집의 위생 상태도 추가해 놓치지 말고 살펴보세요.

1) 이사할 때 체크해야 할 4가지 (곰팡이, 벌레, 악취, 환기)

벌레의 흔적

먼저 해충인 바퀴벌레, 모기, 개미 등이 없는지 살펴야 합니다. 대개 건물이 5년 이상 되면 새 건물에서 나오는 유독한 휘발성 유기 화학물과 같은 오염 물질이 줄어들며 점차 벌레들이 좋아하는 환경이 갖춰집니다. 사람들이 관리를 소홀히 하는 사이 벌레가 침입하는데, 10년이 넘은 주택의 경우 벌레가 제 집을 만들어 머물기 쉬운 조건이 됩니다. 그래서 오래된 아파트 주택이나 빌라는 필연적으로 벌레가 살기 마련입니다. 또 집 주변에 산, 풀밭이 있는 경우 여러 벌레(바퀴벌레, 모기, 개미, 그리마 등)가 외부에서 들어올 수 있습니다. 특히 바퀴벌레나 개미는 집단을 이루어 생활하기에 한 마리를 발견했다면 이미 수백 마리가 살고 있음을 의미합니다.

집을 둘러보는 도중 싱크대 경첩 부분에 후추알갱이처럼 생긴 것이 묻어 있다면 바퀴벌레가 있는 것이라 생각하면 됩니다. 이는 바퀴벌레의 배설물로, 배설물이 있다면 다른 동료 바퀴벌레를 불러올 가능성이 아주 높습니다. 이러한 집에 이사를 가게 된다면 해충을 퇴치하는 방법을 진지하게 강구해야 합니다.

곰팡이

앞서 말했듯 곰팡이는 비염, 알레르기나 천식, 아토피피부염 등을 유발하거나 더욱 악화시킬 수 있기에 반드시 확인해야 할 부분입니다. 대개 곰팡이가 있는 집은 집을 보여주기 전에 곰팡이를 제거한 후 내놓는 경우가 많습니다. 그래서 언뜻 곰팡이가 안 보이기에 문제없다고 생각하기 쉽습니다. 따라서 집을 볼 때는 곰팡이의 흔적은 없는지 보편적으로 습도가 높은 베란다와 다용도실 등 곰팡이가 생기기 쉬운 공간을 중심으로 집 안 곳곳을 최대한 꼼꼼하게 살피는 것이 중요합니다.

또한 천장과 벽에 곰팡이 자국이 있거나 얼룩덜룩한 누수 흔적이 있는지도 확인해보세요. 집 안의 습도가 너무 높다면 곰팡이가 잘 생기고 벽지도 빠르게 변색됩니다. 이러한 경우 습한 곰팡이 냄새가 나므로 쉽게 알아차릴 수 있습니다. 살림이 가득 찬 상태에서 꼼꼼하게 확인하기는 쉽지 않지만 방구석의 벽지 상태, 욕실 주변의 장판 상태, 베란다 확장 방의 창문 아래쪽 벽지 등을 유심히 살펴봐 주세요.

그럼에도 곰팡이 흔적을 발견하지 못했다면 부동산과 이야기해 곰팡이가 이사 후 발견되면 제거해주는 조건으로 계약서에 명시하는 것도 방법입니다. 만약 이사를 들어온 뒤에 자리 잡은 곰팡이를 발견했다면 방법은 하나뿐입니다. 확실하게 제거하고 깨끗하게 살아야 합니다. 곰팡이는 한번 올라오면 끈질기게 생명력을 이어나갑니다. 누수가 아닌 결로성 곰팡이거나 오래되지 않았다면 락스나 곰팡이 제거제로 상당 부분 떨어져 나갑니다. 제거 방법은 곰팡이가 핀 부분에 락스 원액을 잘 바르고 검은색이 하얗게 변해서 곰팡이가 죽은 것을 확인한 뒤 물로 잘 닦아내고 말리면 됩니다. 곰팡이 발생 초기에 발견해 처리하면 손쉽게 제거할 수 있습니다. 이후 환기를 잘 해주어 곰팡이가 더는 생기지 않도록 합니다.

악취

집 안에서 악취나 퀴퀴한 냄새가 난다면 다른 집을 알아보는 것이 좋습니다. 악취는 대부분 벽지 안쪽에 곰팡이가 생겼거나, 하수구로부터 올라오는 냄새일 확률이 높습니다. 악취가 심한 집은 환기도 잘 되지 않는다는 뜻이기에 피하는 것이 좋습니다.

집의 방향과 환기 여부

집은 방향에 따라 햇빛이 들어오는 양과 시간, 실내 온도와 습도 등이 달라질 수 있습니다. 빛이 들어오지 않는 방은 습기가 많이 찰 뿐만 아니라 곰팡이가 생기기 쉽기 때문에 꼭 살펴보아야 합니다. 지금 이사 갈 집이 남향이더라도 집 구조에 따라 빛이 들어오는 양이 다를 수 있기에 오전, 오후 모두 방문해 정확하게 파악하는 것이 좋습니다. 또한 바람이 잘 통하는지 확인해야 합니다. 환기가 잘 되는 구조라면 집 안의 공기가 쉽게 순환하면서 습한 공기도 날려버리기 때문에 쾌적하게 지낼 수 있습니다.

2) 새집 증후군, 어떻게 해결하지?

가장 설레는 순간 중 하나가 바로 새집으로 옮겨갈 때입니다. 새로 지은 집에서 행복한 미래를 꿈꾸며 설렘이 가득합니다. 하지만 한 가지 걱정되는 것이 있습니다. 바로 새집 증후군입니다.

새집 증후군은 신축된 건물이나 공간에서 입주자 또는 거주자들이 느끼게 되는 불쾌감이나 건강상의 문제를 일으키는 것을 의미하는 용어로서 주로 휘발성 화학 물질VOCs, 폼알데하이드, 라돈 등에서 발생하는 문제입니다. 그중 대표적인 성분이 폼알데하이드입니다. 폼알데하이드는 자극성을 가지는 무색 기체로 벽지, 바닥재 등을 붙이기 위한 본드나 외부를 꾸미기 위해 사용하는 시트지, 페인트 등에 포함되어 있습니다.

새집 증후군은 사람마다 증상이 여러 가지로 나타납니다. 눈의 점막을 자극해 눈을 따갑게 하거나 두통을 일으킵니다. 이유 없이 목이 따갑고 쉬거나, 기침을 하거나 메스꺼움, 어지럼증 등을 호소하기도 합니다. 아이의 경우 감기나 기관지염 등 호흡기 질환을 일으킬 수 있고, 아토피 피부염과 천식 등 기존 알레르기 질환을 앓고 있는 아이들은 증상이 더욱 악화되기도 합니다. 따라서 면역력이 약한 영유아 자녀가 있는 가정이라면 특히 주의해야 합니다.

새집 증후군을 피하는 가장 좋은 방법은 입주 전, 신축 건물에 사용된 벽지 바닥재, 접착제 등이 친환경 자재인지 확인하는 것입니다. 과거와 달리 정부의 규제도 강화되고 건설사에서도 새집 증후군을 고려해 친환경 자재를 많이 사용하고 있습니다. 하지만 모든 재료를 다 규제하기란 어렵고, 100% 친환경 자재 사용도 불가능한 것이 현실입니다.

그래서 많은 분이 새집 증후군을 예방하기 위해 집에 숯을 놓기도 하고 피톤치드로 소독하거나 전문 업체에 의뢰하는 등 여러 방법을 동원합니다. 그중 가장 추천하고 싶은 방법은 '베이크 아웃bake out'입니다. 이름 그대로 방을 구워내는 것으로 실내 온도를 보일러로 35~40℃ 이상으로 높여 유해 물질을 7~8시간 동안 배출하는 방법입니다. 이는 온도가 높을수록 휘발되는 폼알데하이드의 특성을 이용하는 원리입니다. 대한주택공사 조사 결과에 따르면 베이크 아웃을 통해 유해 물질이 70%가량 저감되는 효과가 있었다고 합니다.

'국토교통부고시(제2016-705호) 건강친화형 주택 건설기준의 베이크 아웃 시행기준'을 보면 방법은 간단합니다. 먼저 창문과 환기구 등 외기가 통하는 모든 부분을 다 닫고 가구의 모든 서랍과 문을 열어주세요. 가구에 포장재가 있다면 제거합니다. 그 후 8시간 동안 35~38℃에 맞춰 보일러를 가동합니다. 이렇게 한다면 가구와 벽지 바닥재에서 오염 물질이 단시간에 다량 방출될 수 있습니다. 그다음에는 문과 창문을 열고 2시간 동안 환기를 해줍니다. 이 과정을 최소 3번을 반복해주면 새집 증후군 완화에 도움이 될 수 있습니다. 신축 공동 주택 입주 시의 베이크 아웃 지침서에 의하면 보통 입주 15~30일 전에 시행해주는 게 좋고, 최소 2회 이상 진행하는 것이 바람직하다고 알려져 있습니다.

베이크 아웃 이후에도 매일 환기를 해주어 실내에 깨끗한 공기가 순환되도록 합니다. 새집 증후군은 하루 이틀에 없어지는 것이 아니고 시간이 지날수록 유해 물질의 농도가 낮아지기에 환기를 최대한 자주 해주는 것이 좋습니다. 대기오염이 심각한 날에는 공기청정기를 활용하는 것도 방법입니다. 집의 실면적을 고려하여 충분한 환기 용량의 청정기를 설치하고, 필터를 자주 교환하여 깨끗한 공기를 유지한다면 새집 증후군의 원인 물질을 제거하는 데 도움이 될 수 있습니다.

3) 새집 증후군만큼 무서운 헌집 증후군

새집만큼이나 헌집에서도 유해 물질이 나온다는 사실 아십니까? 헌집 증후군은 노후된 건물에서 나오는 오염 물질 때문에 우리 건강에 악영향을 주는 현상을 말합니다. 오래된 헌집에도 새집 못지않게 유해 성분이 많습니다. 이로 인해 발생하는 피해를 새집 증후군에 빗대어 '헌집 증후군'이라고 부릅니다.

헌집 증후군을 유발하는 원인은 아주 다양합니다. 이미 건축된 지 오래된 건물의 습기 찬 벽면에서 나오는 곰팡이, 배수관에서 나오는 유해가스와 녹물, 부엌에서 나오는 일산화탄소, 이산화황, 커튼이나 침구류의 세균 및 진드기 등입니다.

노후된 건물에 거주할 경우 곰팡이로 인해 기관지염이나 천식 알레르기 등이 생길 수 있습니다. 배수관에서 새는 유해가스가 두통과 현기증을 유발하기도 합니다. 더 심각한 것은 시간이 지나면서 집이 노후될수록 정도가 더욱 심해진다는 것입니다.

설사 오래된 집을 리모델링해서 벽지와 장판, 가구 등을 새것으로 바꾼다고 해도 새집 증후군처럼 아세톤, 벤젠, 폼알데하이드 등 각종 유기화합물이 재발생하여 두통이나 알레르기 같은 만성 질환을 일으킬 가능성이 높습니다. 만약 노후된 건물에 이사를 가는 경우 헌집 증후군으로 발생할 수 있는 여러 문제점을 예방하기 위해 이사 전 청소와 소독이 필요합니다.

아이들이 있는 가정에서는 아이가 아무거나 물고 빨기에 집먼지진드기, 곰팡이, 벌레 등 위협 요소를 최대한 제거해야 합니다. 이때 직접 하기 어려운 경우에는 입주 청소 및 이사 청소를 전문으로 하는 업체에 의뢰하여 집 안 구석구석 숨어있는 유해 물질들을 꼼꼼하게 제거해주는 것도 좋습니다. 오래된 주택은 이사 후 소독을 철저하게 하고 들어왔더라도 평상시 관리도 매우 중요합니다. 설사 이사 전 입주 청소를 하고 들어왔다고 해도 생활하면서 오염이 되면 다시 유해 물질이 발생할 수 있기에 평상시 관리가 중요합니다.

헌집 증후군을 이겨내는 최선의 방법은 역시 환기입니다. 환기는 가장 어렵지 않게 실내 환경을 쾌적하게 하는 좋은 방법입니다. 환기하면서 실내에 선풍기 또는 공기 순환기를 작동하면 환기 효과를 높일 수 있습니다. 충분한 환기를 통해 곰팡이의 발생이나 번식을 피할 수 있으며, 집 안에서 생기는 악취도 예방할 수 있습니다. 옷장과 서랍장 등 모든 가구의 문을 열어놓으면 각종 유해 화학 물질까지 배출할 수 있습니다.

또 오래된 배수관은 메탄가스나 암모니아가 발생하기 쉬우므로 교체해주세요. 만약 여의치 않으면 사용하지 않을 때 배수구 뚜껑을 닫아두는 것이 좋습니다. 이외에도 집 안을 깔끔하게 청소하는 것도 중요합니다. 집먼지진드기가 생기기 쉬운 침구류는 주기적으로 세탁하고 햇볕에 자주 말려 소독해 줘야 합니다. 마지막으로 또 배수구에 있는 음식물 쓰레기는 오래 방치하지 말고 생기는 즉시 처리하는 것이 좋습니다. 다소 노후한 건물이라도 집 안 곳곳에 좀 더 관심을 가지고 노력한다면 위생적으로 생활할 수 있습니다.

누구나 새로운 집으로 이사를 가게 되면 설레는 마음이 앞섭니다. 이사 갈 집의 위생 상태를 미리 체크해서 쾌적한 환경에서 거주할 수 있도록 살피는 것이 중요합니다. 이사 전 집 안 곳곳을 세심하게 잘 살피면 이사 후 생길 수 있는 예상치 못한 문제와 스트레스를 줄일 수 있습니다. 헌집 증후군과 새집 증후군을 동시에 예방할 수 있는 방법은 환기입니다. 새집이든 헌집이든 완벽한 곳은 없습니다. 살기 좋게 만드는 것은 결국 우리라는 사실을 잊지 마시기 바랍니다.

4) 공기질, 수질, 표면 위생, 알레르겐 관리

지금껏 우리는 많은 바이러스와 세균의 문제를 가지고 거주 공간 내 위생에 대해 장소별, 상황별로 살펴보았습니다. 공통된 부분을 정리하자면 건강을 유지하기 위해서는 생활 속에 노출된 많은 유해 인자를 차단하고 잘 관리해야 한다는 정도로 이야기할 수 있을 것입니다. 우리가 인지하지 못하는 사이에 생활 속에서 많은 세균, 바이러스와 곰팡이에 노출될 수 있기 때문에 조금만 부주의하면 건강을 잃을 수 있고, 같이 생활하는 사람들을 위험에 빠뜨릴 수도 있습니다. 무엇보다 사전 예방 목적의 차단 방역을 통해 위해 인자가 발생하지 않게 만드는 것이 중요하며, 만약 그렇지 못할 때에는 발생 초기에 빠르게 인지해서 적절한 살균 소독을 통해 위험 요소를 제거해야 합니다.

문제는 눈에 보이지 않는 바이러스, 세균, 곰팡이를 어떻게 제거하고,

어떻게 안전하게 유지하는지에 대해 근본적으로 해결해야 한다는 것입니다. 환경 위해 요소들을 크게 공기 오염, 수질 오염, 표면 오염 총 3가지로 나눌 수 있는데 이는 현재의 기술로 대부분 진단과 모니터링이 가능합니다. 우리는 새로운 거주 환경으로 이주하는 것 외에도 가구를 새로 들였을 때나, 새로운 가전을 구입할 때, 그리고 음식을 요리하거나 누군가를 내 공간에 초대하는 등 늘 새로운 환경을 마주하며 살아가고 있기 때문에 생활 환경은 주기적인 모니터링이 필요합니다.

먼저 공기질에 대해 살펴보겠습니다. 공기는 생활 환경에서 무엇보다 중요한 요소입니다. 우리는 성인 기준으로 매일 8,000L의 공기를 마시며 생활하고 있습니다. 최근에는 미세 먼지 등으로 깨끗한 공기에 대한 수요가 높아 공기청정기를 많이 사용합니다. 물론 공기청정기가 좋은 공기질을 만들어주는 데 도움을 주지만, 모든 것을 한 번에 해결해 줄 수는 없습니다.

공기질 유해 요소

최근에 사회적 이슈로 자주 거론되는 새집 증후군은 공기질 유해 요소 가운데 가장 중요한 문제입니다. 앞서 말했듯 새집 증후군에서 발생하는 위해 요소인 휘발성 화학 물질(톨루엔, 벤젠, 자일렌, 스티렌 등), 폼알데하이드, 라돈 등을 관리해야 합니다. 처음부터 폼알데하이드같이 유해한 물질을 포함하지 않는 자재를 사용하는 것이 가장 좋겠지만, 이 부분에 대한 사전 검증이 어려운 관계로 우리도 모르는 사이에 지속적으로 폼알데하이드와 같은 공기질 유해 요소를 마시면 건강상의 문제를 일으킬 수 있습니다. 환경부에서 지정한 「실내 공기질 관리법」 시행령 2조에 의하면 폼알데하이드는 210㎍/㎥로 권고되고 있습니다.

공기질의 유해 요소 중 또 하나는 라돈입니다. 아마도 최근 침대 매트리스에서 크게 문제가 되면서 잘 알려진 성분입니다. 라돈은 무색, 무취, 무미의 자연방사성 기체 물질로 암석이나 토양 등에서 자연적으로 존재하는 우라늄이 방사선 붕괴를 하면서 생성됩니다. 라돈은 건축 자재에서 방출이 일어날 수 있으며, 벽돌·콘크리트·석고보드·슬레이트 등에서 발견됩니다. 폐암을 유발하는 1급 발암 물질로 지정된 라돈은 공기보다 9배 정도 무거워서 지표 가까이 존재해서 인체에 흡입되기 쉽습니다.

국립환경과학원에는 전국 주택의 라돈 분포를 파악하고, 관리가 필요한 지역을 확인하기 위해 2011년부터 2년 주기로 조사하고 있는데, 최근에 진행한 2018년 조사에 따르면 이전 조사에 비해 수치가 개선되고 있다고 합니다.

이렇게 3개의 유해 인자가 21년 5월 25일에 개정된 「실내 공기질 관리법」에 의해 관리되고 있는 기본 실내 공기질 관리 요소입니다. 하지만 좀 더 건강한 생활과 공기질을 위해서는 이외에도 미세 먼지와 일산화탄소, 이산화질소 등도 관리하는 것을 권장합니다. 다행인 것은 이러한 부분들은 공기청정기와 충분한 환기를 통해서 관리할 수 있습니다. 단지 공기 중에 부유하는 유해 미생물에 대한 관리는 추가로 필요할 수도 있습니다. 특히 감염 위험에 직접 노출되는 환경에 있다면 폐렴, 인플루엔자, 결핵, 코로나 원인균 등 부유하는 유해 미생물에 대한 검증과 관리도 필요합니다.

<신축 공동 주택의 실내 공기질 권고 기준>

측정 항목	권고 기준 농도	관련 기준
폼알데하이드	210㎍/㎥	신축 공동 주택 실내 공기질 권고 기준
벤젠	30㎍/㎥	
톨루엔	1,000㎍/㎥	
에틸벤젠	360㎍/㎥	
자일렌	700㎍/㎥	
스티렌	300㎍/㎥	
라돈	148Bq/㎥ 이하	

출처: 「실내 공기질 관리법」 시행령 2조

수질 유해 요소

공기질 다음으로 살펴봐야 할 환경 요소는 수질입니다. 물은 우리 몸의 70%를 차지하는 성분으로, 하루에 마시는 물은 공기만큼 건강을 위해 직접적으로 관리해야 할 요소입니다. 물은 정수기를 사용하거나 생수를 사 먹는 게 보편적입니다. 그럼에도 종종 뉴스에 수질과 관련된 이슈가 등장하곤 하는데, 일례로 2016년 얼음 정수기에서 중금속 니켈이 검출된 사고가 있었고, 2019년 붉은 수돗물 사고, 최근에는 수돗물에서 깔따구 유충이 나온 사고도 있었습니다.

물은 기본적으로 6단계의 정화와 살균 과정을 거쳐서 오기 때문에 깨끗하게 관리되고 있습니다. 하지만 우리가 사용하는 물은 정수 처리장에서 바로 공급되는 물이 아니라 대부분 공동 주택이나 건물의 저장 공간에 모여서 배분되기 때문에 그 중간 과정의 환경에서 문제가 발생합니다. 대표적으로 식중독을 유발하는 대장균이나 살모넬라균, 녹농균 등 유해 미생물과 수돗물이 흘러 들어오는 관에서 기인하는 일반 중금속이 종종 문제가 되는 이유입니다. 마시는 물의 경우 정수기나 먹는 샘물을 통해 해결되지만 물은 마시는 용도 외에도 다양하게 사용되므로 다른 방법의 해결도 필요합니다. 만약 집 안에서 마시는 물 외에 물에서 이러한 문제가 파악된다면 전용 필터 등을 설치해서 충분히 개선이 가능합니다. 따라서 그 원인을 적절하게 파악하고 깨끗하고 안전한 물을 사용해주세요.

더불어 정수기를 사용한다고 해서 안전하다는 인식도 개선할 필요가 있습니다. 프리미엄 생활 환경 서비스 '템스TEMS'에서 실행한 검사에 의하면 정수기를 사용했을 경우 수질은 문제가 없었으나, 주로 사람이 접촉하는 외부 토출구의 관리가 잘 되지 않아 대장균이나 유해 미생물이 검출된 적이 있습니다. 따라서 정수기에서 물이 나오는 외부 토출구도 주기적으로 식품 첨가물 성분의 곡물 발효 살균제(70% 에탄올 살균 소독제)를 사용해서 살균 소독 관리를 해주는 것도 중요해 보입니다.

표면 오염 물질

세 번째는 표면 오염입니다. 공기질이나 수질을 깨끗하게 관리한다고 해도 밖에서 오염되어 감염을 일으키는 표면 오염도 반드시 관리되어야 할 부분입니다. 실제로 대장균이나 세균, 바이러스를 통한 오염이 빈번하게 일어나는 공간 역시도 표면에 붙은 병원균을 통해서입니다. 우리는

2020년 이후 지금까지 경험하고 있는 코로나19로 인해 바이러스가 단단한 물체의 표면에서 유기물에 부착하여 길게는 5일 이상 생존하며 머무르며 주된 감염원이 된다는 사실을 학습과 경험을 통해 잘 알고 있습니다.

특히 손이나 비말을 통해 물체 표면에 옮겨진 세균, 바이러스가 다른 사람이 그 물체를 만질 때 손에 묻어 전달되는 경우가 많습니다. 우리는 이러한 병원균을 제거하기 위해 물티슈나 행주, 걸레로 닦아주는데 이 부분은 일부 효과가 있을 수도 있고, 없을 수도 있습니다.

대부분의 병원균은 유기물에서 영양분을 얻어서 생존하기 때문에 세정 작업을 통해 유기물을 제거해주는 것으로도 어느 정도 살균 대체 효과를 볼 수는 있습니다. 하지만 세정이 살균을 의미하는 것은 아니므로 살균 소독을 하려면 전용 살균제를 사용하는 것이 필요하고, 더불어 살균 효력을 증대하기 위해서는 살균 소독 전에 반드시 유기물 세정이 필수입니다. 시중에 널리 판매되고 있는 살균 소독제 중 일부는 이러한 세정 전처리의 불편함을 없애기 위해 세정과 살균이 동시에 되는 제품이 판매되고 있으니 이러한 제품으로 간편하게 관리하는 것도 추천합니다.

특히, 다중 이용시설에서 감염원을 제거하기 위해 표면 살균 소독은 선택이 아니라 필수로 자리 잡았습니다. 자주 문제가 되는 지역이나 많은 위험을 내포하고 있는 공간에는 항균 코팅 등 특수 처리를 통해 표면 오염 등을 예방한다면 바이러스 세균의 감염 위험을 현저히 낮출 수 있습니다.

알레르겐

어떤 물질에 알레르기를 가지고 있는 사람들은 대개 한 가지 이상의 물질에 대해 알레르기를 가지고 있습니다. 알레르기를 일으키는 원인 물질은 많은 종류가 있으며 그중에서도 많은 사람들에게 주로 문제가 되는 곰팡이와 집먼지진드기를 제거하면 많은 개선이 이루어질 수 있습니다. 음식에 생기는 곰팡이를 제외하고 생활 환경 속에서 곰팡이가 주로 발견되는 곳은 베란다 구석처럼 햇빛이 잘 들지 않으면서 바람이 잘 통하지 않는 곳, 결로 현상이 있는 곳 또는 물을 자주 사용하는 화장실처럼 늘 습도가 높은 곳입니다. 특히 세탁기같이 늘 물이 있는 환경에 놓인 가전제품 주변으로 통풍이 잘 안되면 많이 생깁니다.

곰팡이의 종류는 다양하지만 한번 생기면 쉽게 퍼지고 제거하기는 어렵습니다. 넓은 면적으로 퍼진 곰팡이가 방제가 잘 되지 않았을 경우 건강에 해를 끼치며 이는 알레르기의 발생 원인 중 하나로 꼽히고 있습니다. 알레르기로 고생하지 않으려면 곰팡이를 살균 소독제로 꼼꼼하게 제거한 후 충분히 건조해야 하며, 결로의 경우는 단열 등으로 습기를 차단해야 합니다. 마지막으로는 항균 처리 등을 통해 다시 곰팡이가 생기기 힘든 환경을 만들어 관리해주는 것이 중요합니다.

집먼지진드기의 제거 역시도 주된 알레르기 원인 제거에 중요한 요소입니다. Part 2에서 자세히 다룰 집먼지진드기는 생활 속에서 쉽게 발생하고 관리하기 어려운 해충입니다. 그 이유는 워낙 작고 눈에 보이지 않아 집먼지진드기의 존재 여부를 파악하지 못하면서 계속 그러한 환경 속에서 생활하기 때문입니다. 그런 연유로, 집 안에 알레르기 증상을 보이는 가족이 있다면 우선 '진드기 체크 키트'를 통해 집먼지진드기 존재 여부를 확인하고 그 원인을 제거하는 것이 필요합니다. 진드기 체크 키트는 코로나19 POCT 검사 키트와 같은 간이 진단 키트로 10분이면 진단이 가능합니다. 검사 결과 양성이 나오면 반드시 진드기를 퇴치하는 작업이 필요합니다.

집먼지진드기는 쉽게 발생하고 전염되므로 지속적인 청소와 세정, 살충 등의 관리가 더 중요합니다. 기본적으로 집먼지진드기 박멸을 위해서는 주기적으로 60℃ 이상의 고온 세탁을 하거나, 햇볕이 드는 곳에서 건조해 죽이는 방법이 있습니다. 하지만 집먼지진드기는 진드기를 죽이는 것만큼 사체를 잘 제거하는 것이 중요하므로 햇볕에 널어 말리고 털어주거나 전용 청소 장비를 통해서 진드기 사체나 이물질을 없애주고 관리하는 것이 필요합니다. 이러한 과정에는 시간과 노력이 필요하므로, 손쉽게 진드기를 살충하고 유지/관리하는 방법으로 환경부에 등록된 약제를 사용해 처리하는 것도 하나의 방법이 될 수 있습니다.

이렇듯 우리 일상생활을 건강하게 관리하기 위해서는 공기질, 수질, 표면 오염 그리고 알레르겐에 대한 주기적인 검사와 모니터링이 필요합니다. 눈에 보이는 해충에 대한 방제는 주기적으로 이루어지며 잘 관리되고 있으나, 건강에 더 중요한 유해 요소들은 상대적으로 관리가 소홀한 부분이 있으니, 원인을 잘 파악하고 관리한다면 더 건강한 생활을 할 수 있습니다.

현재 많은 업체에서 관련 서비스가 진행 중이므로 이와 관련한 진단과 컨설팅을 받아보지 않았다면 한 번쯤 생활 공간의 환경 진단을 해보는 것도 위생적인 삶을 유지하기 위한 좋은 시작이 될 것입니다.

10

반려동물 위생

이제 우리에게 반려동물은 단순한 동물이 아니라 가족 구성원입니다. 농림축산식품부는 2006년부터 동물 보호에 대한 국민의식조사를 진행하고 있습니다. 2021년 발표 결과에 따르면 전체 가구의 약 30%인 638만 가구에서 860만여 마리의 반려동물을 키우고 있습니다. 이처럼 반려동물과 함께 생활하는 가구가 늘어나면서, 반려동물의 건강과 직접 연결되는 질병 및 생활 위생에 대한 관심이 높아지고 있습니다.

동물과 사람 간에 전파 가능한 감염병을 인수공통감염병이라고 하는데 현재 질병관리청 고시로 11종이 지정되어 있습니다. 코로나19도 이에 속합니다. 함께 생활하는 만큼 관리를 소홀히 할 경우 반려동물은 물론 반려인의 건강에도 좋지 않은 영향을 미칠 수 있고, 사람과 달리 감기처럼 사소한 질병이라도 반려동물에게는 생명에 치명적일 수 있기에 질병에 걸리지 않도록 관리와 접종을 통한 예방이 필요합니다.

반려동물은 내부와 외부에 기생충이나 세균 또는 바이러스를 가지고 있을 수 있습니다. 고양이의 톡소플라스마증이나 개회충, 진드기, 광견병 바이러스, 파상풍균 등이 대표적입니다. 그러나 구충제를 먹여 관리해주고 예방 접종을 하면 가족에게 옮기지 않으니 정기적으로 실시해주세요. 광견병의 경우 많은 지자체에서 예방 접종을 지원해주기도 합니다. 곰팡이류 중에는 강아지나 새끼 고양이가 주로 걸리는 피부사상균증이 있는데 원형 탈모증상을 보입니다. 사람에게도 전염이 쉽게 되므로 주의해야 하는데, 피부사상균증을 예방하기 위해서는 환경을 청결하게 유지해 곰팡이가 살지 못하도록 해야 합니다. 파충류의 경우 대개 살모넬라균을 가지고 있으므로 배설물을 만지지 않도록 하고 접촉했을 때는 비누로 손을 깨끗이 씻어 주세요.

반려동물에서 문제가 되는 해충: 모기, 진드기

반려동물에게 가장 문제가 되는 대표 해충은 모기와 진드기로 이들 해충을 매개체로 발생하는 질병에 감염된다면 심한 경우 사망할 수 있습니다.

심장사상충에 감염된 반려동물을 모기가 물면 혈액 속의 심장사상충 유충이 모기에게 들어가 자라게 되고, 감염된 모기가 다른 반려동물을 물어 전염됩니다. 감염 초기에는 특별한 증상이 나타나지 않지만 시간이 지나면 기침, 호흡 곤란, 식욕결핍, 혈뇨 등의 증상을 보이다가 결국 목숨을 잃게 됩니다. 심장사상충에 감염되면 치료가 어렵고 부작용이 심하게 일어날 수 있기에 무엇보다 예방이 중요하며, 예방약을 투약했다고 해도 예방약에 대한 내성을 가진 심장사상충의 존재 가능성과 실수나 사고로 인해 예방이 잘 되지 않았을 수도 있기에 정기적인 키트 검사도 필요합니다.

진드기는 주로 잔디, 숲, 풀 등에서 강아지의 몸에 옮겨와 피를 빨아먹고 커지면 털 사이에서 발견됩니다. 진드기에 물리면 가벼운 출혈이나 빈혈, 피부 붉어짐 및 부어오름 등의 증상이 발생하고, 심한 경우 전신 마비나 라임병 같은 심각한 병으로 악화될 가능성도 있어 진드기가 붙지 않도록 예방하는 것이 매우 중요합니다. 산책 후에는 털 사이사이를 꼼꼼히 확인해야 하는데 눈으로 보는 것뿐만 아니라, 털 속과 피부를 만져서 살펴보아야 하며 진드기가 쉽게 붙는 목, 귀, 발가락 주위는 더 주의를 기울여야 합니다.

질병을 옮기는 해충 퇴치법

야외 활동 시 노출되는 모기와 진드기의 위험으로부터 보호하기 위한 방법으로는 예방 접종이나 구충제 외에 기피제를 사용하는 방법이 있습니다. 기피제 사용 시에는 반려동물에게 유해한 화학 성분의 함유 여부를 꼼꼼하게 확인해야 합니다. 반려동물에게도 사람과 마찬가지로 기피제를 사용하면 해충 기피 효과가 있습니다. 수의사의 조언에 따라 인체용 기피제를 사용할 수 있지만 미국동물학대방지협회ASPCA에서는 DEET 성분의 기피제는 동물 부작용이 보고된 이후 사용을 금하고 있습니다.

반려동물을 위협하는 바이러스성 질환

외부에서 감염되는 질병 외에도 반려동물에게 사료나 간식을 주는 과정에서 살모넬라균과 리스테리아균 등 질병을 유발하는 세균에 감염될 수 있습니다. 아직 국내에서는 이와 관련하여 위험성이 크게 대두되고 있지는 않지만, 미국 식품의약국FDA에서는 반려동물 사료 급여 시 발생할 수 있는 질병을 예방하기 위해 아래와 같은 관련 위생 수칙을 제정하였습니다.

---

1. 사료 준비 시 비누와 따듯한 물로 20초 이상 손 씻기
2. 반려동물 사료 그릇과 급여에 사용한 숟가락 등은 사용 후 세제와 따듯한 물로 세척하기
3. 사료 급여 시, 깨끗한 숟가락, 컵 등을 별도로 사용하기
4. 급여 후 남은 사료는 즉시 4℃ 이하에서 냉장 보관하거나 버리기
5. 건조 사료를 다른 용기에 보관할 때는 사료를 용기에 옮겨 담지 말고 포장된 채로 용기에 넣어 보관하기
6. 급여를 했거나 급여 중인 사료는 약 25℃ 미만의 서늘하고 건조한 곳에 보관하기

이외에도 한번 감염되면 치명적인 바이러스성 질환이 있습니다. 코로나 장염, 홍역, 파보바이러스 장염, 전염성 간염, 파라인플루엔자, 전염성 기관지염, 광견병, 인플루엔자 등인데, 이는 예방 접종을 통해 예방할 수 있습니다.

반려동물과 함께 생활할 때는 위생에 더욱 신경 쓰기

반려동물을 자주 목욕시켜 위생적으로 돌봐야 하는 것은 물론이고 반려동물과 함께 생활하는 환경 또한 잘 관리해야 합니다. 배변 활동을 하는 강아지의 배변 패드나 고양이의 모래는 자주 갈아주고 주기적으로 청소해주세요. 화장실 구역 외에도 반려동물의 침 분비물이 가득한 밥그릇

과 장난감도 주기적인 청소가 필요합니다. 소독할 경우 70% 에탄올 살균 소독제나 코로나19 효력을 정부에서 공식 승인받은 옥손 성분의 릴라이온버콘마이크로를 뿌려주면 됩니다.

또한 집먼지진드기는 동물의 각질 및 노폐물을 먹고 살기에 반려동물을 기르는 가정에서는 특히 주의해야 합니다. 통계적으로 집먼지진드기는 반려동물이 많은 곳에서 더 살기 좋다고 합니다. 동물에게서도 각질이 많이 나오니 번식하기 쉬운 겁니다. 그러니 반려동물과 함께 생활하는 경우 방석, 담요, 봉제완구, 소파 커버 등을 주기적으로 세탁하고 햇볕에 말리는 것이 좋습니다.

11

감염병 유행 시 위생

감염병이란 병원체가 숙주에 감염되어 발병하며 감염된 숙주에 있던 병원균이 다른 숙주로 전파되면서 확산되는 특징을 지니는 질병을 통틀어 이르는 용어입니다. 감염병, 돌림병, 혹은 유행병이라고도 하며 비말 감염, 체액 감염, 분변 감염, 공기 감염 등에 의해 전파됩니다.

국가에서는 사회적 손실을 최소화하기 위해 법률로서 감염병을 1급부터 4급까지 지정하여 '법정 감염병'으로 명명해 관리하고 있습니다. 생물 테러 감염병 또는 치명률이 높거나 집단 발생 우려가 커서 발생하는 즉시 신고와 음압 격리가 필요한 감염병 1급 17종과 전파 가능성을 고려해 발생 시 24시간 이내에 신고와 격리가 필요한 2급 감염병 23종, 발생 또는 유행 시 24시간 이내에 신고하고 발생을 계속 감시할 필요가 있는 3급 감염병 26종, 제1~3급 감염병 외에 유행 여부를 조사하기 위해 표본 감시 활동이 필요한 4급 감염병 23종입니다.(2022년 기준) 생활 속에서 위험한 전염병이라 생각하는 코로나, 결핵, 수두, 장티푸스, 원숭이 두창, 파상풍, 말라리아, 발진열, 쓰쓰가무시병 등 대부분은 2급과 3급 법정 감염병으로 관리되고 있습니다.

<감염병 캘린더>

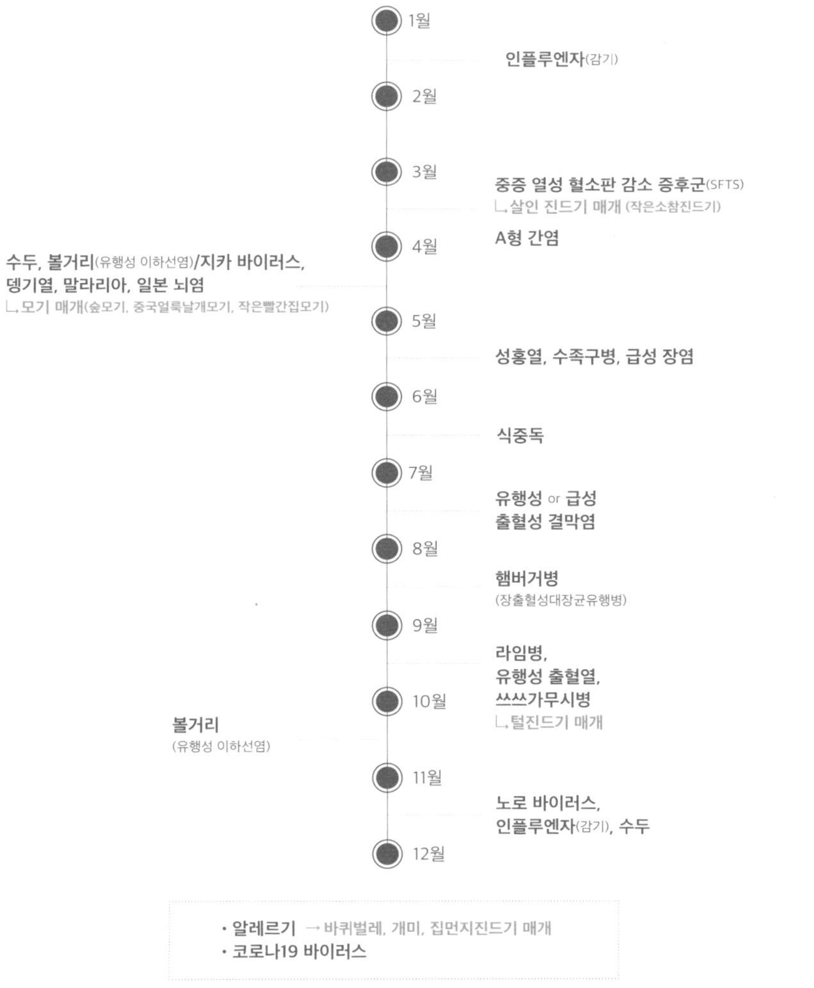

출처 : 팜클 기술연구소

감염병을 감염재생산지수Basic Reproduction Number를 통해 분류하기도 하는데, 감염재생산지수는 감염자 1명이 한 번에 전염시킬 수 있는 사람 수를 의미하며, 기본적으로 R_0로 표기합니다. 예를 들어 어떤 감염병의 R_0 값이 2라면 감염자 1명이 한 번에 최대 2명을 감염시킬 수 있다는 뜻입니다. 어떤 집단에서 감염병이 발생했을 때 그 집단 내의 확진자 추세에 따라 시간에 따른 감염재생산수Rt를 파악할 수 있는데 이 값이 1 이상이면 유행이 더 퍼진다는 뜻이고, 1 미만이면 유행이 서서히 감소한다는 뜻입니다. 사회적 거리두기가 바로 이런 감염재생산지수를 1 미만으로 떨어뜨려 유행 속도를 저하시키는 것을 목표로 하는 것입니다.

감염을 막기 위해서는 개인위생 방역을 토대로 한 차단 방역이 중요합니다. 질병관리청에서는 크게 5가지 영역으로 나눠서 일상생활 속 감염병 예방 수칙을 설명하고 있습니다. 감염병은 그 특성상 얼마나 빨리 전파되는지에 따라 피해 규모가 달라집니다. 일반 감기의 감염재생산지수는 2~3, 코로나19 델타변이는 5~7입니다. 수두나 홍역은 10 이상이니, 다른 감염병 대비 전파 속도가 얼마나 빠른지 알 수 있습니다. 감염병을 막기 위해서는 개인위생 방역을 토대로 한 차단 방역이 중요합니다.

일상생활에서 감염병을 예방하기 위한 5가지를 소개합니다.

<일상생활 감염병 예방 수칙 >

① 30초 이상 손씻기
- 흐르는 물에 30초 이상 비누 또는 세정제 등을 사용해 손을 씻어주세요.

② 옷소매 위쪽으로 기침하기
- 기침이나 재채기를 할 때는 손이 아닌 옷소매 위쪽(팔꿈치 안쪽)으로 입과 코를 가리고 해주세요.

③ 안전한 물과 음식 먹기
- 음식은 85℃ 이상의 충분한 온도에서 익혀 먹고 물은 끓여 음용해주세요.

④ 예방 접종 받기
- 접종 일정에 따라 권고되는 예방 접종을 받아주세요.
- 예방 접종은 개인과 공동체의 면역력을 높여 감염병을 예방하는 가장 과학적인 방법이며, 합병증으로 인한 입원, 사망률도 크게 낮출 수 있습니다.

⑤ 야외 활동 시 진드기 등 매개체 조심하기
- 진드기, 모기에 의한 감염병은 매개체에 물리지 않는 것이 최선의 예방법입니다.

출처: 보건복지부

1) 독감 예방을 위한 개인위생 관리

손 씻기

개인위생 관리의 첫걸음은 아무리 강조해도 지나치지 않는 손 씻기입니다. 독감은 기침 및 재채기를 할 때 바이러스가 공기 중에 떠다녀 호흡기로 감염되거나, 손을 통해 전염됩니다. 그나마 마스크를 착용하면 입을 통해 들어오는 바이러스는 막아주지만, 손으로 만지는 물건이나 먹는 음식 등에 묻어있는 바이러스까지는 막아주지 못합니다. 바이러스가 묻어있는 손으로 얼굴을 만지면, 우리 몸은 세균과 바이러스에 감염될 확률이 높아집니다.

연구자들의 여러 조사 결과에 따르면 올바른 손 씻기는 호흡기 질환의 발병률을 16~21% 낮춘다고 합니다. 손 씻기만으로 100명 중 20명은 감기에 걸리지 않는 셈입니다. 또 손 씻기는 장염으로 인한 설사 발병률을 24~30% 감소시킵니다. 감기나 독감을 예방하기 위해서는 손 씻기가 가장 중요합니다.

양치질

우리는 외출 후 손과 발을 깨끗이 해야 한다는 이야기를 귀가 따가울 정도로 들어왔습니다. 그런데 정작 병원균의 직접 통로인 입의 청결에 대해서는 다소 소홀합니다. 양치질은 감기 예방을 위해 꼭 필요합니다. 일본의 한 조사 결과에 따르면 1일 3회 이상 물로만 양치질한 경우라도 감기 발병률이 양치질을 하지 않은 사람보다 40%가 낮은 것으로 나타났습니다. 따라서 칫솔과 치약으로 꼼꼼하게 양치질을 한다면 감기 예방은 물론 다른 바이러스 예방에도 효과적일 것입니다.

마스크 착용

독감 예방을 위해서는 독감 환자와 접촉하지 않는 것이 최선입니다. 바이러스가 체내에 들어올 수 있는 통로를 사전에 차단하는 겁니다. 부득이하게 외출해야 한다면 마스크를 착용해 바이러스의 침입을 막는 것이 좋습니다. 손 씻기와 함께 마스크까지 하면 전염성 질환 감염 위험성을 줄일 수 있습니다.

실내 온습도 적정 수준 유지

실내가 너무 따뜻할 경우 바깥과 온도 차이가 커져 감기에 걸리기 쉬우니 실내 온도를 적절하게 유지해주세요. 건조한 공기는 피부를 푸석하게 하고 콧속 점막을 건조하게 만들어 코 막힘 증상을 유발하기도 합니다. 또 기관지가 건조해지면 세균도 쉽게 침입할 수 있어 감기 등에 노출될 가능성도 높아집니다. 온도와 습도만 잘 맞춰도 감기에 걸릴 확률을 낮출 수 있습니다.

또한 환절기에는 면역력이 떨어지면서 질병에 노출될 가능성도 높아집니다. 우리 몸의 면역력이 강한 상태라면 감기나 독감에 노출되더라도 잘 이겨낼 수 있습니다. 충분한 수면과 휴식을 취하고 영양소를 섭취하여 면역력을 키우는 것이 중요합니다. 더불어 독감은 여러 심각한 합병증을 함께 유발하기에 예방 접종을 하고 위생 수칙을 잘 지켜 미리 예방하는 것이 좋습니다.

2) 수족구병 예방을 위한 철저한 개인위생 관리

세균과 바이러스가 우리 몸에 침범하지 못하도록 평소에 개인위생 관리를 철저히 할 필요가 있습니다. 평소 손 씻기는 매우 중요하지만 수족구병이 유행하는 시기에는 그 중요성이 더욱 커집니다. 수족구병은 접촉에 의한 발병률이 높기에 외출 후, 배변 후, 식사 전후에는 반드시 손 씻기를 생활화해야 합니다. 특히 아이들은 습관처럼 장난감을 손으로 만지고 입에 넣기에 자주 사용하는 육아용품과 장난감 등은 수시로 소독하고 기침 및 재채기를 할 때는 휴지나 옷소매로 입과 코를 가리는 등 기침 예절을 지키도록 지도합니다.

또한 외출 후 손 씻기와 함께 양치질도 함께 하면 수족구병과 같은 감염성 질병을 예방하는 데 효과가 있습니다. 식사 후에도 깨끗하게 이를 닦고 입안을 헹궈주세요. 단 양치질을 할 때 입안에 상처가 나지 않도록 주의해야 합니다. 수족구병은 예방 백신이나 치료제가 따로 없기에 면역력을 높여주고, 철저한 위생 관리가 필요합니다. 이 질환을 다른 아이에게 옮아오는 것이라고 생각하지 마시고 내 아이가 다른 아이에게 옮길 수도 있다는 생각으로 아이들의 손 씻기와 양치질을 습관화해야 합니다.

3) 노로바이러스 예방을 위한 철저한 개인위생 관리

노로바이러스는 역시 치료제나 백신이 따로 없기에 예방만이 최선입니다. 한 번 감염되면 적어도 6개월 정도 면역력이 생긴다고 하지만, 이 또한 대부분 2년 안에 면역력이 없어진다고 합니다. 즉 한번 걸렸다 해서 앞으로 안전한 것은 아니기에 위생 수칙을 잘 지키는 것이 중요합니다.

노로바이러스 예방을 위한 5가지 방법

① 손 씻기

노로바이러스 감염은 주로 손을 통해 이뤄지므로 철저한 손 씻기가 핵심입니다. 사물을 만지거나, 화장실을 이용한 후, 외출 시에나 외출 후에도 비누를 이용해 흐르는 물에 30초 이상 손을 청결하게 씻어야 합니다. 특히 아이들은 손으로 얼굴, 입을 만지는 일이 많으므로 손 씻기를 습관화하고 가급적 얼굴을 만지지 않도록 주의를 줍니다. 어른들 역시 손을 잘 씻는 것이 중요한데요. 외출 후, 화장실 사용 후, 기저귀를 교체한 후 또는 음식 준비 전과 식사 전에는 반드시 손을 씻도록 합니다.

② 단체 생활은 최소화하기

노로바이러스 환자 중 조리 종사자, 보육시설/요양시설 종사자, 간호/간병/의료 종사자는 노로바이러스 전파자가 되지 않도록 업무를 제한할 필요가 있습니다. 아이가 다니는 어린이집이나 유치원에 노로바이러스가 돌기 시작했다면 등원하지 않고 가급적 집에서 머무는 것이 좋습니다. 이 바이러스는 증상이 사라진 뒤에도 최장 2주간 전염력을 가지고 있을 정도로 생존력과 전파력이 높습니다.

③ 생활 위생 관리에 주의하기

우리나라는 단체 생활이 많고, 면적 대비 지역 사회의 인구 밀도가 매우 높은 편으로 한 명이 유행성 질환에 감염되면 전염 속도가 빨라지기에 생활 위생 관리에 각별한 주의가 필요합니다. 아이 돌보는 선생님들은 기저귀를 갈아주거나 아이의 구토물을 치운 후에는 철저하게 손을 씻어야 할 뿐 아니라 아이들의 장난감, 놀이기구 등은 매일 세척해서 청결하게 관리해주세요.

④ 음식은 충분히 익혀서 먹기

생명력이 강한 노로바이러스는 60℃ 이상 열에서 30분가량 있어도 생존이 가능합니다. 따라서 익혀 먹는 음식은 85℃ 이상의 온도에서 1분 이상 가열해야 합니다. 음식 내부까지 충분히 익도록 조리하고, 물에서도 전염이 가능하기에 반드시 끓여서 먹도록 합니다. 또한 노로바이러스는 칼과 도마, 식기, 수저 등을 통해서 전염될 수 있기에 일주일에 한 번 이상 열탕 소독을 권합니다.

⑤ 가족 중에 걸린 이가 있다면 철저한 소독 필수

노로바이러스로 오염된 곳은 즉시 청소하고 소독해야 합니다. 일회용 장갑과 앞치마를 두르고 마스크를 끼고 살균 소독제를 준비합니다. 옥손 성분의 노로바이러스 살균제(릴라이온버콘마이크로)를 구매하거나 락스 8~40배 희석액◆을 준비합니다. 살균액을 종이 타월에 적셔서 환자가 사용한 화장실 문고리, 물품 등을 깨끗이 닦아줍니다. 환자의 구토물은 소독액을 적신 종이 타월로 덮어 제거하고 비닐 봉투에 넣어 버린 후 더럽혀진 곳을 수차례 닦아줍니다. 또한 환자가 사용 중인 옷과 이불, 수건 등은 뜨거운 물로 세탁해 소독하고 사용한 일회용 장갑 및 앞치마 등은 쓰레기 봉투에 담아 소독액을 뿌린 후 밀폐해 버려야 합니다. 그런 후 흐르는 물에 비누로 30초 이상 손을 깨끗하게 씻어줍니다.

◆ 유기 물질이 없으면 100배 희석한 락스로도 살균이 가능하지만 유기물이 존재하는 경우 락스의 살균력은 급격히 떨어진다. 또한 환자 배출물에는 다량의 노로바이러스가 존재하기에 단순 노로바이러스가 아니라 노로바이러스가 섞여 있는 오염물의 경우 위와 같은 고농도의 락스가 필요하다.

춥고 건조한 겨울은 노로바이러스가 활동하기 좋은 계절입니다. 노로바이러스는 다른 병원성 미생물들과 환경 속에서 생존경쟁을 하는데, 비교적 매우 낮은 온도에서도 살아남습니다. 따라서 저온에서 생장 수준이 낮아지거나 멈추는 경쟁 병원체에 반해 겨울 발병 빈도수가 자연스레 높아집니다. 이러한 바이러스에 감염되면 고생하는 것은 물론이고 가족이나 다른 친구들에게 전염될 가능성이 아주 높습니다. 그러니 노로바이러스를 예방하기 위해 평소 개인위생 수칙을 준수하는 것이 필요합니다.

최근 10년 유행 병원성 미생물

<table>
<tr><th>국내외</th><th>병명</th><th>병원성 미생물</th><th>발생 연도</th></tr>
<tr><td rowspan="13">국내</td><td>인플루엔자</td><td>Influenza virus</td><td>매년 발생</td></tr>
<tr><td>A형 간염</td><td>Hepatitis A virus</td><td>매년 발생</td></tr>
<tr><td>쓰쓰가무시병</td><td>Orientia tsutsugamushi</td><td>2012년</td></tr>
<tr><td>레지오넬라증</td><td>Legionella spp</td><td>2019년</td></tr>
<tr><td>로타바이러스 장염</td><td>Rota virus</td><td>2000년 이후 매년</td></tr>
<tr><td>노로바이러스 식중독</td><td>Norovirus</td><td>2000년 이후 매년</td></tr>
<tr><td>중증 열성 혈소판 감소 증후군(SFTS)</td><td>SFTS virus</td><td>2016년 이후 매년</td></tr>
<tr><td>홍역</td><td>Measles virus</td><td>2019년</td></tr>
<tr><td>수족구병</td><td>Coxackie virus</td><td rowspan="3">2009년 한국</td></tr>
<tr><td>말라리아</td><td>Plasmodium</td></tr>
<tr><td>일본 뇌염</td><td>Japanese encephalitis virus</td></tr>
<tr><td>코로나19</td><td>SARS CoV-2</td><td>2019년 ~ 현재</td></tr>
<tr><td>원숭이 두창</td><td>Monkeypox virus</td><td>2022년 ~ 현재</td></tr>
<tr><td rowspan="3">국외</td><td>에볼라 출혈열</td><td>Ebola virus</td><td>2019년, 2021년</td></tr>
<tr><td>메르스-코로나 바이러스</td><td>MERS-CoV</td><td>2012년 사우디</td></tr>
<tr><td>웨스트나일열</td><td>West Nile virus</td><td>2012년 미국</td></tr>
</table>

자료 제공 : 팜클 기술연구소(질병관리청 감염병 포털 자료 정리)

	발생 지역	증상	전파 경로
	전국	고열, 근육통, 두통, 오한, 마른기침, 인후통	감염된 사람과의 접촉, 공기 전염
	전국	피로감, 식욕부진, 메스꺼움, 복통	환자의 분변에 오염된 물이나 음식, 주사기, 성 접촉
	춘천시	두통, 발열, 오한, 구토, 복통, 발진	털진드기 유충
	동해시	발열, 오한, 마른기침, 근육통	오염된 물
	전국	구토, 발열, 설사, 탈수	분변-구강 간 감염
	전국	구토, 메스꺼움, 오한, 복통, 설사	식품이나 음료
	전국	고열, 혈소판 및 백혈구 감소, 구역, 구토, 설사	진드기를 통한 전파
	전국	고열, 기침, 콧물, 결막염, 붉은 발진	비말, 공기 감염
		발열, 식욕 감소, 무력감, 설사, 구토, 발진, 수포	직접 접촉, 비말, 오염된 물, 수영장
	전국	권태감, 발열, 오한, 두통, 구역, 설사	모기(얼룩날개모기), 사람 간 전파 안됨
		급성 뇌염, 무균성 수막염, 열성 질환	모기(빨간집모기), 사람 간 전파 안됨
	전국	고열, 인후통, 기침, 콧물, 구토 등	비말
	전국	수포나 발진, 고열, 두통	인수 공통 감염병
	콩고, 기니	고열, 설사, 구토, 복통	환자와 직접 접촉, 상처 난 피부, 점막 등
	사우디	발열, 기침, 호흡 곤란	(중동) 낙타와의 접촉
	미국	감염자의 70~80%는 무증상, 발열, 오한, 뇌염	(그외) 사람 간 밀접 접촉

PART 2

해충 위생

1

숨어 있는 고민거리, 바퀴벌레 위생

간혹 벌레가 해충인지 곤충인지 혼동되는 경우가 있습니다. 해충과 곤충의 경계는 나에게 해가 되느냐입니다. 바퀴벌레나 개미가 숲속에 있으면 곤충이지만 집 안에 들어와서 우리를 괴롭히면 해충이 되는 겁니다. '벌레 때문에 너무 괴로워' '노이로제에 걸릴 것 같아'라고 느낀다면 그 벌레는 해충입니다.

그중 사람에게 질병을 옮기는 대표적인 해충은 바퀴벌레입니다. 바퀴벌레는 열대 지방에서 높은 서식 밀도를 보이는데, 한국의 고온다습한 날씨에 밀도가 높아지고 있습니다. 바퀴벌레가 좋아하는 계절은 더위가 한풀 꺾인 가을 초입입니다. 기온이 약 25℃ 전후가 되면 바퀴벌레가 번식과 생존하기 아주 좋은 조건이 됩니다. 겨울이 되면 추위에 약한 바퀴벌레들은 난방 시스템이 잘 되어 있는 아파트, 상가 등에서 겨울을 보내고 먹이를 찾기 위해 사람들이 거주하는 공간에 들어오기 시작합니다.

바퀴벌레가 생존하기 위해서는 다른 동물과 비슷하게 물과 먹이가 필수인데, 특이한 점은 납작하게 웅크릴 수 있는 은신처를 좋아한다는 것입니다. 바퀴벌레는 대부분의 시간을 빛이 들어오지 않는 은폐된 공간에 머물다가 아무런 빛과 움직임이 없는 새벽 2~4시 사이에 움직이는 것을 좋아합니다. 그래서 새벽에 화장실이나 물을 마시러 부엌에 갔을 때 바퀴벌레를 보고 놀란 기억이 다들 있는 것입니다.

바퀴벌레는 보기만 해도 혐오스러운 해충이지만 사실 더 큰 문제는 각종 병균의 매개체가 된다는 것입니다. 바퀴벌레는 새로운 음식을 먹을 때 기존에 먹었던 음식을 토해 그것을 다시 먹거나 동족의 사체를 먹는 등 엽기적인 습성이 있습니다. 이를 통해 바퀴벌레는 사람에게 40여 가지 병원균을 전파하면서 식중독, 콜레라나 장티푸스 등의 감염성 질병을 유발할 수 있습니다. 또 바퀴벌레의 알이나 배설물, 껍질은 각종 알레르기를 유발하고, 바이러스를 옮겨 천식이나 비염 등을 발생시키기도 합니다. 바퀴벌레의 다리에는 다양한 병원균과 기생충이 있어 바퀴벌레가 지나간 자리에 병원균이 떨어지면 면역력이 약한 아이들은 질병에 감염될 위험도 높습니다. 한마디로 바퀴벌레는 우리에게 다양한 질병을 매개할 수 있는 위험한 해충입니다.

1) 바퀴벌레 관련 질문 BEST 4

가끔 여러 기관에서 바퀴벌레 퇴치를 주제로 강의할 때 청중이 공통적으로 하는 질문이 있습니다. 일반적으로 알려진 바퀴벌레에 대한 상식입니다. 그중 일부 맞는 내용도 있지만, 잘못 알려진 내용도 많아 바퀴벌레 대처에 어려움을 겪기도 합니다.

Q. 바퀴벌레는 도대체 어떻게 우리 집에 들어온 걸까요?

바퀴벌레의 유입 경로는 예상보다 다양합니다. 그 예로 택배 상자를 생각해 볼 수 있습니다. 비행기나 배를 통해 유입되는 택배 상자는 물류창고에서 일정 기간 보관돼 있던 것을 사용하는데 그 시간 동안 창고에 있던 바퀴벌레가 택배 상자에 묻어올 수도 있습니다. 택배 상자의 골판지 틈새는 바퀴벌레가 좋아하는 공간입니다. 바퀴벌레는 습성상 모서리를 따라다니는 것도 있지만 몸을 숨기기 위해 좁은 틈에 들어가 납작하게 눌려 있는 경우가 많습니다. 골판지 택배 상자는 이런 조건을 충족시켜 바퀴벌레가 서식하기에 아주 적절합니다. 틈새에 들어가면 등이 딱 붙기에 안전하다고 여기는 겁니다. 실제로 팜클 실험실에서 이 부분을 확인하기 위해 골판지로 바퀴벌레에게 집을 만들어주었더니 그곳에 몰려들어 사는 모습을 관찰할 수 있었습니다.

그런가 하면 바퀴벌레는 방충망 틈새, 배수구, 배수관을 통해서도 들어옵니다. 그중 바퀴벌레가 주로 들어오는 곳이 배수관입니다. 아파트는 배수관이 위 아랫집이 다 연결되어 있어 바퀴벌레들이 자유롭게 왕래하며 일주일에 2~4채의 집을 왔다 갔다 할 수 있습니다. 만약 이웃집에서 바퀴벌레 방제를 위해 퇴치제를 사용한다면 옆집 바퀴벌레가 우리 집으로 넘어오게 됩니다. 이웃집에는 유입이 어렵도록 살충제로 보호막을 쳐 놓았기 때문입니다.

또 베란다에는 에어컨 실외기나 화분 등이 많은데, 그곳에 서식하던 바퀴벌레가 더 좋은 환경을 찾고자 집 안으로 들어오기도 합니다. 미국 바퀴벌레 같은 대형 바퀴벌레는 날개가 발달해 짧은 거리의 비행이 가능하기에 창문을 통해서 집 안으로 날아 들어올 수도 있습니다. 일반적으로 가장 많이 서식하는 독일 바퀴벌레는 비행을 하지 않지만, 새로운 거주 환경과 먹이 활동을 위해서 비행을 시도하기도 합니다.

Q. 바퀴벌레를 잘못 죽이면 사체에서 부화해 더 많이 번식한다고 절대 잡아서는 안 된다던데요.

바퀴벌레를 죽이면 사체에서 알이 나와 부화하게 되면서 더 많은 바퀴벌레가 생기기에 죽이면 절대 안 된다는 속설이 있습니다. 이런 이야기를 듣고 바퀴벌레 잡기를 망설이는 분이 많습니다. 알주머니를 가진 암컷 바퀴벌레는 알을 낳기 전 위급 상황이나, 몸에 이상이 생기면 엉덩이에 달고 다니던 알집을 바로 떨어뜨립니다. 내가 죽겠구나 싶어서 알집은 스스로 깨어나게 하고 본체만 달아나는 것입니다. 그러니 바퀴벌레를 잡는다고 해서 알이 쫙 퍼지거나 날아다니거나 하는 일은 일어나지 않습니다. 따라서 바퀴벌레는 보이는 즉시 곧바로 퇴치하는 것이 좋습니다. 다만, 눈앞에 있는 바퀴벌레를 잡았다고 해서 집 안의 바퀴벌레가 다 살충된 것이 아닙니다. 내 눈에 바퀴벌레가 한 마리 이상 보였다면, 이미 집 안에는 상당수의 바퀴벌레가 살고 있다는 뜻입니다. 바퀴벌레를 잡으면 더 많이 번식한다는 속설은 이미 살고 있는 바퀴벌레들이 계속 번식해 개체수가 늘어남에 따라 자주 발견되면서 오해가 생긴 것 같습니다.

바퀴벌레를 죽인 후 휴지통에 버리기엔 찜찜하고 불안하다면 정화조로 연결된 변기에 버리는 방법을 추천합니다.

Q. 바퀴벌레를 죽이지 않은 채 변기에 버려도 괜찮을까요?

바퀴벌레는 배수구나 얕은 물속에서도 생존할 수 있기 때문에 바퀴벌레를 죽이지 않은 상태로 변기에 넣어 물을 내릴 경우 정화조까지 죽지 않고 도달할 수 있습니다. 이때 암컷일 경우 번식이 가능합니다. 그 바퀴벌레가 다시 외벽이나 배관 등을 타고 내부로 침입할 수 있습니다. 바퀴벌레를 잡았다면 반드시 죽인 후 변기에 넣어 처리하는 것을 추천합니다.

Q. 개미가 많은 집은 바퀴벌레가 없고, 바퀴벌레가 많은 집에는 개미가 없다고 하는데 사실일까요?

그렇지 않습니다. 바퀴벌레와 개미는 실내에 서식하는 장소가 좁은 틈새 등으로 동일하기에 서로 경쟁 관계에 있을 수 있으나 천적 관계는 아니기에 공존이 가능합니다. 개미는 주로 낮에, 바퀴벌레는 밤에 활동을 시작합니다.

2) 박멸이 어려운 이유

우리나라에 서식하는 바퀴벌레는 10종이고, 주로 집에 침입해 세균과 바이러스를 옮기는 가주성 바퀴벌레는 독일 바퀴벌레, 일본 바퀴벌레, 미국 바퀴벌레, 먹바퀴벌레 총 4종입니다. 일본 바퀴벌레는 주로 중부 지방에, 먹바퀴벌레는 따뜻한 남부 지방에서 서식하고 있습니다. 또 미국 바퀴벌레는 하수도와 정화조에 서식하며 전국 대부분의 지역에서 발견됩니다.

이에 비해 독일 바퀴벌레는 집에서 매우 흔하게 볼 수 있습니다. 11~14mm로 집에서 서식하는 바퀴벌레 중에서 크기는 가장 작지만 개체수는 많습니다. 집에서 바퀴벌레가 나온다고 하면 대개 70~80% 이상은 독일 바퀴벌레입니다.

바퀴벌레가 출몰하면 아이들은 물론 어른들도 너무 놀라 비명을 지르고 기겁합니다. 급한 마음에 살충제를 뿌려보지만 잠깐 눈에 보이지 않을 뿐, 며칠 지나 다시 보입니다. 죽은 줄 알았던 바퀴벌레가 또 나타나면 정말 끔찍합니다. 우리는 더 많은 양의 살충제를 집 안 곳곳에 도포하지만, 이를 비웃기라도 하듯 바퀴벌레는 한동안 보이지 않다가도 갑자기 모습을 드러내며 우리를 경악하게 만듭니다. 바퀴벌레 퇴치가 어려운 건 바퀴벌레의 습성을 모르기 때문입니다. 먼저 그들의 특성을 정확하게 이해해야 박멸할 수 있습니다.

높은 번식력과 생존력

우리나라에서 흔히 보이는 독일 바퀴벌레 암컷은 1~2회의 교미로 일생 동안 쓸 정자를 자신의 몸속에 보관했다가 필요할 때 알을 생산합니다. 실내에 독일 바퀴벌레 한두 마리가 침입하면 2~3개월 안에 700~800마리 이상, 1년에 10만 마리까지 번식할 수 있습니다. 번식력은 누구도 따라갈 수 없을 정도로 어마어마합니다.

따라서 집 안에 바퀴 몇 마리가 보인다면 이는 극히 일부일 가능성이 큽니다. 이미 그 장소엔 무수히 많은 바퀴벌레가 서식하지만 우리가 움직일 때 안 보일 뿐입니다. 또한 바퀴벌레는 잡식성으로 동료의 사체 혹은 변도 닥치는 대로 먹어치우며 생존을 이어가기에 바퀴벌레는 한번 발생한 곳에서 계속 서식할 가능성이 높습니다.

강력한 집단 페로몬

2015년 미국 노스캐롤라이나 주립대학교 연구진에 의하면, 바퀴벌레의 배설물은 40가지 화학 물질로 구성되어 있는데, 그중 무려 24종의 미세한 양의 장내 박테리아가 발견되었습니다. 중요한 것은 이 장내 박테리아가 각종 지방산을 만들어 페로몬pheromone 생산에 기여하고, 이렇게 생산된 페로몬이 다른 바퀴벌레를 불러들이는 강력한 유인 물질이 된다는 것입니다.

바퀴벌레의 뛰어난 후각 능력

바퀴벌레는 뛰어난 후각 능력을 가지고 있어 분무형 살충제 사용에 주의가 필요합니다. 눈에 보이는 바퀴벌레를 잡을 때 사용한 분무 흔적을 깨끗하게 닦아내지 않는다면 바퀴벌레는 잔존하는 화학 물질 냄새 때문에 새로운 이동 경로를 개척해 보이지 않는 바퀴벌레를 잡을 수 없게 됩니다. 또한 낮이나 저녁에는 좀처럼 이동하지 않기 때문에 바퀴벌레의 흔적을 통해 은신처를 확인하고 약제를 뿌려 처리하는 것은 일반인에게 어렵고 힘든 일입니다. 이런 상황에서 만약 낮에 우리 눈에 바퀴벌레가 보인다면 심각한 상황으로 정말 어마어마하게 많은 바퀴벌레가 숨어 있다고 생각해야 합니다.

고온다습한 장소가 많은 집 안 환경

집 안에서 가장 바퀴벌레가 많이 출몰하는 곳이 주방과 화장실입니다. 두 곳의 공통점은 습도가 높고 따뜻하며 물이 존재한다는 것입니다. 바퀴벌레는 기온이 내려가면 체온을 유지하려 전자 제품 혹은 문틈 등 따뜻한 곳 근처에 많이 잠복합니다. 전자레인지나 냉장고 바닥 그리고 정수기 안은 공간의 특성상 좁고 어두우며 따듯합니다. 또한 먹이도 풍부해 바퀴벌레의 아주 좋은 서식지가 됩니다. 싱크대 밑 걸레받이 부분 역시 어둡고 습한 곳을 좋아하는 바퀴벌레에게는 최적의 장소입니다.

3) 상황별 바퀴벌레 퇴치 제품 고르기

만약 바퀴벌레가 보이거나 집 안에 있다고 의심되는 경우 어떻게 해야 할까요? 최대한 빨리 박멸할 방안을 세워야 합니다. 무엇보다 바퀴벌레는 번식력이 엄청나기에 많이 번식하기 전, 초장에 잡아 군체를 한꺼번에 처리해야 합니다. 무작정 살충제를 뿌리는 것이 능사는 아닙니다. 이때도 전략이 필요합니다. 적절한 약을 사용해 눈앞에 보이는 바퀴벌레를 즉시 퇴치하고, 숨어 있는 바퀴벌레는 한 번에 박멸해야 합니다. 에어로졸 제품으로 한 마리를 살충했다면 그 근처에는 에어로졸 약제가 남는데, 그렇게 되면 바퀴벌레가 눈에 보이는 곳으로 나오지 않고 오히려 더 보이지 않는 곳으로 숨어 지낼 수 있습니다. 따라서 즉시 바퀴벌레를 퇴치하는 목적 외에 분무형 살충제를 마구 뿌리는 것은 바퀴벌레 박멸을 더 어렵게 하는 지름길입니다.

시중에 나온 바퀴벌레 약을 살펴보면 종류와 형태가 다양해서 어떤 제품을 선택해야 할지 고민됩니다. 약을 선택할 때는 우리 집의 오염 정도가 어떤지 먼저 파악해야 합니다. 어쩌다 '한 마리가 나타난 집'과 바퀴벌레가 많이 생긴 집과는 약이 다를 수밖에 없습니다. 전문 방역 업체의 경우에도 집 전체의 오염도가 어느 정도인지를 먼저 체크합니다. 주로 어디에서 출몰하는지, 얼마나 많이 나오는지, 어떤 종류의 바퀴벌레인지, 크기는 어떠한지 등 여러 사항을 확인한 후 오염도에 따라 약을 씁니다. 그럼 집에서 직접 퇴치하는 경우 어떤 방법으로 접근해야 할까요? 먼저 우리 눈에 띄는 바퀴벌레를 퇴치할 때는 분무형과 거품형 살충제를 적절하게 사용하는 것이 좋습니다.

분무형 살충제

흔히 사용하는 캔에 들어 있는 분무형(스프레이형) 살충제는 미스트

형식으로 분사되는 용도로 많이 쓰입니다. 눈에 보이는 바퀴를 잡을 때 주로 사용합니다. 이 분무형 살충제를 창틀, 문틈, 배수구, 하수구 등 바퀴벌레 예상 침입 경로에 뿌려두면 일정 기간 약효가 지속되어 바퀴벌레 퇴치가 가능합니다. 다만 분무형 살충제는 단점이 있는데요. 도망가는 바퀴벌레를 쫓아가면서 뿌리다 보면 자칫 온 집 안이 살충제로 물들게 되는데, 가족 중 호흡기 질환이 있거나 아이 혹은 반려견이 있는 경우 사용에 있어 주의가 필요합니다. 방바닥이나 가구 등에 묻었을 때는 수건이나 휴지로 닦아냅니다. 또한 앞서 말했듯 분무형 살충제를 남용하고 닦아내지 않는다면 살충제에 대한 내성을 키워 바퀴벌레가 집 안 더 깊숙이 숨을 수 있기 때문에 주의가 필요합니다.

거품형 살충제

거품형 살충제는 분무형 살충제의 단점을 보완한 것으로 약제가 공기중에 거의 날리지 않아 안전하게 사용할 수 있습니다. 거품형 살충제를 바퀴벌레에게 명중시키면 바퀴벌레가 거품을 빠져나가지 못하게 됩니다. 바퀴벌레 이동 경로에 미리 뿌려두면 바퀴벌레가 지나가기만 해도 죽습니다. 효과는 2주 정도인데, 욕실 개수대나 주방 하수구 근처에 뿌려주면 박멸에 도움이 될 수 있습니다.

독먹이 살충제

문제는 우리 눈에 보이지 않는 숨어 있는 바퀴벌레를 박멸하는 것입니다. 이때는 독먹이 형태의 살충제 사용을 추천합니다. 독먹이는 바퀴벌레가 좋아하는 먹이들로 유인해 퇴치하는 방법입니다. 독먹이는 바퀴벌레 먹이 선호도를 분석해 여러 음식물을 조합한 먹이에 독성분을 넣어 만든 살충제입니다.

대개 바퀴벌레는 먹은 음식을 서식지에 가서 토한 다음, 이를 다시 먹는 습성이 있습니다. 이때 독먹이를 먹은 바퀴벌레가 서식지로 돌아가서 다른 바퀴벌레와 함께 나눠 먹게 되고 결국에는 약 효력이 서식지에 있는 바퀴벌레 대부분에게 발휘되어 눈에 보이지 않는 바퀴벌레까지 박멸할 수 있습니다. 또, 바퀴벌레는 분비물이나 죽은 동료의 시체를 나눠 먹기 때문에 독성분이 남아 있는 바퀴벌레의 사체나 분비물을 다른 바퀴벌레가 섭취함으로써 연쇄적인 살충 효과 역시 기대할 수 있습니다. 한 마리라도 먹으면 연쇄 살충 확률이 높습니다. 다만 뿌리는 살충제에 비해서 독먹이 살충제는 사용 즉시 효과가 나타나지 않습니다. 바퀴벌레가 다른 음식을 먹거나, 서식지로 가져가는 데 시간이 걸리기 때문에 본격적으로 독먹이를 먹은 후 3일에서 일주일 정도 후에 효과를 확인할 수 있습니다. 독먹이 살충제는 효과가 나타나는데 시간이 걸리지만 바퀴벌레를 근본적으로 박멸할 수 있어 가장 추천하는 살충 방법입니다.

독먹이 살충제는 촘촘하게 많이 놓아두는 것이 가장 중요한 포인트입니다. 바퀴벌레의 먹이 활동 행동반경 내에 촘촘한 간격(약 30cm)으로 모서리를 따라 놓아주세요. 바퀴벌레는 주방이나 화장실에서 많이 목격되기에 싱크대 밑, 냉장고 뒤편, 가구 틈 구석과 모서리에 촘촘하게 놓아두는 것이 좋습니다. 이때 독먹이의 양은 아주 소량, 새끼손톱 반만큼의 양이면 충분합니다. 바퀴벌레를 한꺼번에 박멸하기 위해서는 큰 덩어리로 한곳에 투약하기보다 작게 촘촘히 여러 공간에 투약하는 것이 중요합니다. 독먹이 살충제가 부족하면 연쇄 살충 효과보다 더 빠른 속도로 번식하기에 바퀴벌레 숫자가 많을수록 부족함 없이 놓아두어야 제대로 박멸할 수 있습니다.

독먹이 살충제 주의 사항

◆ 독먹이 살충제 근처에 분무형 살충제 뿌리지 않기

독먹이 제품은 바퀴벌레를 유인하는 성분이 있는 반면, 분무형 살충제는 바퀴벌레 기피 효과가 있어 근처만 가도 바퀴벌레가 이를 눈치채고 도망갑니다. 만약 두 가지를 같이 사용하면 어떻게 될까요? 유인하는 약에 도망가는 약을 같이 섞어주는 것과 같아 살충 작업은 비효율적으로 진행되어 바퀴벌레를 박멸하기가 어렵게 됩니다. 설치형 독먹이제와 분무형 살충제는 함께 사용하지 않도록 합니다.

◆ 독먹이 살충제만이 바퀴벌레의 유일한 먹이가 될 수 있게 만들기

바퀴벌레가 꼭 집이 지저분해서 생기는 것은 아니지만, 청결하게 유지하면 줄어드는 것은 사실입니다. 먼저 집 안에 바퀴벌레의 먹이가 될 수 있는 음식물 및 쓰레기를 없애줘야 합니다. 집 안의 과자부스러기, 식품 잔재물 등 여러 유기물은 바퀴벌레에게 가리지 않고 좋은 영양분이 되기도 합니다. 바퀴벌레가 때론 이러한 유기물들을 독먹이형 살충제보다 더 좋아하는 경우, 살충제를 먹지 않으니 평소 집 안, 특히 부엌 주변 청소를 자주 그리고 깨끗이 해 위생적으로 관리해야 합니다.

만약 위에 언급한 바퀴벌레 살충제를 사용한 후에도 바퀴벌레가 다시 보인다면 개체 수가 너무 많아서 약이 부족했거나 작업이 잘못되었다고 생각하면 됩니다. 바퀴벌레 약품 회사에 문의해 올바른 사용법으로 재시도하는 것도 좋은 방법입니다. 하지만 혼자서 관리하기 어려울 때는 전문 방역 업체에 의뢰하면 시간과 스트레스를 줄일 수 있습니다.

바퀴벌레는 한번 생기면 박멸하기가 쉽지 않기에 사전에 예방하는 것이 가장 중요합니다. 택배 박스에 숨어 유입되기 쉬우므로 택배 박스는 최대한 집 밖에서 뜯고 박스는 바로 버립니다. 또 우리 집이 바퀴벌레가 좋아할 만한 환경이 되지 않도록 싱크대나 냉장고, 전자레인지 주변을 청결하게 관리하고, 욕실은 자주 환기해 습한 환경이 되지 않도록 해야합니다.

2

엄연한 해충, 개미 위생

개미는 우리가 어릴 적 놀이터나 공원에서 보아서 그런지 바퀴벌레보다 혐오감이 덜하기 때문에 해충이 아니라고 생각하기 쉽습니다. 산과 들에 사는 개미는 생태계에 도움을 주는 곤충입니다. 크기도 작고 별다른 해를 끼치지 않는 것처럼 보이기 때문에, 실내에 유입된 개미를 대수롭지 않게 생각할 수 있습니다. 하지만 집에서 서식하는 애집개미, 유령개미 등과 같은 가주성 개미(집 안에 서식하는 개미)는 사람에게 해를 끼치는 해충입니다. 각종 병균을 옮기는 것은 물론 아토피를 비롯한 알레르기성 질환과 천식 등을 유발하기 때문입니다.

집 안에서 처음 개미를 발견했을 때 개미는 독성 물질이 없다고 생각해 대수롭지 않게 여기는 경우가 많은데 절대 그냥 넘어가서는 안 됩니다. 개미에게는 포름산formic acid이라고 하는 산성 물질인 '개미산'이 있어서 사람의 피부에 닿게 되면 자극을 일으키고 두드러기를 유발할 수 있습니다. 또한 개미 속에 있는 이종 단백질이 자극성 알레르기 피부염을 일으키기도 합니다.

개미를 퇴치하기 위해서 개미 박멸에 효과가 좋다는 약을 구매해 뿌리면 잠깐 주춤하는 것 같다가 개미가 다시 출현하는 일이 빈번합니다. 민간요법을 동원하기도 하고 살충제를 뿌려보지만 박멸하기란 쉽지 않습니다. 우리 집의 불청객인 개미, 어떻게 하면 완벽하게 퇴치할 수 있을까요?

1) 습성을 알아야 물리칠 수 있다

국내에서 볼 수 있는 가주성 개미는 애집개미와 불개미, 유령개미가 있습니다. 그중 80% 정도는 애집개미입니다. 애집개미는 2~3mm 크기로 황갈색, 연한 노랑, 빨간색을 띠어 외관이 매우 다양하고, 일 년 내내 활동하며 따뜻한 곳에 많이 서식하는 특징이 있습니다.

기본적으로 사람이 살기 좋은 곳은 해충도 살기 좋은 환경입니다. 개미들은 하수구나 배수구, 출입문 등을 통해 침입하거나, 아파트의 경우 상하층 벽면 틈새와 베란다를 통해 들어오는 경우도 많습니다. 집에서 키우는 화분 또한 온도가 따뜻하고 흙과 물이 충분해 개미들이 살기엔 좋은 환경입니다. 이외에도 집 안 가구나 천장 등의 나무가 썩어 개미가 생길 수도 있고, 놀이터에서 아이들 옷에 붙어 집 안으로 들어오는 경우도 있습니다. 이 개미들을 퇴치하려면 바퀴벌레와 마찬가지로 그들의 특성을 정확하게 파악해야 합니다.

가장 주된 습성, 군집 생활

개미는 군집 생활을 하는 사회성 곤충입니다. 따라서 바닥에 기어 다니는 개미 몇 마리를 보았다면 수백 수천 마리 개미가 주변에 서식하고 있다고 생각해야 합니다. 바퀴벌레와 다르게 개미는 먹이를 발견하면 집으로 가져가 나누어 먹습니다. 그 과정에서 서로의 먹이 위치를 공유할 수 있는 '추적 페로몬'을 발산합니다. 예를 들어 실내에서 과자 부스러기를 발견하면 먹이까지의 길을 안내하는 페르몬을 발산하고 이를 알아차린 동료 개미들이 과자 부스러기 쪽으로 잔뜩 몰려들게 되는 것입니다.

엄청난 번식력

개미는 하루에도 수천 개의 알을 낳는 번식력 덕분에 바퀴벌레보다 박멸이 더 어렵습니다. 애집개미의 경우 여왕개미는 수백 마리가 있을 수도 있으며 일개미도 집단 크기에 따라서는 몇 만 마리가 될 정도입니다. 개미는 전략적으로 움직이는 데다 눈에 잘 띄지 않아 방심하는 순간 빠른 속도로 번식해 집 안을 장악합니다. 따라서 발견했을 때 빠르게 관리해주는 것이 중요합니다.

뛰어난 후각

사람은 코 하나로 냄새를 맡지만, 개미는 한쌍의 더듬이를 통해 방향을 설정하고 목표물을 포착하는 능력과 예민한 후각을 가지고 있습니다.

우리가 공원에서 아이스크림을 먹다 보면 흘리는 경우가 있는데 금세 개미가 몰려드는 것을 보면 알 수 있습니다. 특히 부엌에서 개미들이 꿀통이나 설탕통 주변에 자주 출몰하는 것도 뛰어난 후각 덕분입니다.

2) 여왕개미를 노려라

개미들은 분유 냄새를 좋아합니다. 그렇기 때문에 개미는 아기들이 있는 집에서 더 잘 나타날 수 있습니다. 아이들은 개미에 물리면 가려워 어쩔 줄 모릅니다. 이때 가려움을 참지 못하고 오염된 손으로 물린 부위를 세게 긁게 되면 2차 감염으로 화농이 생길 수 있습니다. 그뿐만 아니라 개미는 유해한 병원균을 옮겨 알레르기성 비염이나 천식 등의 질병에 노출될 가능성이 높아집니다. 따라서 아이가 있는 집에서 개미를 발견하면 그냥 넘어가서는 안 되고, 즉시 없애는 노력이 필요합니다.

바퀴벌레는 오염도에 따라 적절하게 약을 사용하면 퇴치가 그리 어렵지 않지만 개미는 크기가 작더라도 바퀴벌레와 다르게 다양한 습성을 보여 퇴치가 녹록지 않습니다. 페로몬으로 의사소통을 하는 개미는 먹이 활동을 할 때에도 줄을 지어 앞서간 개미를 따라갑니다. 만약 앞서가는 개미가 무엇을 먹고 바로 죽는다면 나머지 개미들은 그 음식에 가까이 다가가지 않습니다. 이는 서로 소통하여 위험을 감지하고 서로에게 알리는 것을 확인할 수 있습니다.

바퀴벌레는 보이는 즉시 바로 잡아야 합니다. 하지만 개미는 보이는 즉시 살충제를 뿌리면 개미 박멸은 영원히 어려워집니다. 보통 밖에서 무리 지어 다니는 개미들은 일개미입니다. 우리는 그 모습을 보고 개미를 죽이기 위해 분무형 살충제를 분사합니다. 살충제를 분사하면 당장 눈에 보이는 일개미는 처리할 수 있지만, 군집의 개체 수가 줄어들면 여왕개미는 더 활발하게 번식 활동을 합니다. 결국 개미 몇 마리 퇴치하려다 수백, 수천 마리의 개미를 더 만드는 불상사가 발생할 수 있습니다.

개미 군집을 완전하게 박멸하는 방법은 여왕개미를 잡는 것입니다. 여왕개미를 죽여야 개미 박멸이 완전히 끝납니다. 즉 일개미는 물론 여왕개미까지 모두 잡아야 완전 박멸됩니다.

시중에 판매하는 개미 퇴치약은 크게 과립 타입과 액체로 된 타입, 두 가지가 있습니다. 개미의 종에 따라 선호하는 약이 조금씩 다른데 집에서 자주 나타나는 애집개미는 과립 타입을 잘 먹습니다. 반면 투명한 몸을 가진 유령개미는 액상 타입 먹이를 선호합니다. 하지만 전문가가 아닌 이상 일반인이 개미 종을 구분해내기 어렵습니다. 그러니 종에 상관없이 개미를 유인할 수 있도록 두 종류 이상의 독먹이가 들어 있는 살충제를 사용하는 것이 좋습니다.

일개미들은 독먹이를 일반적인 먹이로 생각해 개미 서식지까지 물고 이동합니다. 서식지에 도착한 후 애벌레에게 독먹이를 주면 소화액을 섞어 개미들이 나눠 먹을 수 있는 상태로 만들고, 일개미들이 애벌레와 여왕개미를 포함한 모든 개미에게 소화된 먹이를 나누어줍니다. 따라서 개미의 완전한 박멸이 가능하게 되는 것입니다.

개미약에 널리 사용되는 히드라메칠논Hydramethylnon 성분은 상대적으로 독성이 낮고, 사용량이 적어서 사람과 반려동물에 크게 영향을 끼치지 않습니다. 하지만 아이들이나 반려동물이 먹지 않게 주의하는 것이 좋습니다.

3) 개미를 예방하는 방법

바퀴벌레처럼 개미 역시 한번 생기면 박멸하기가 쉽지 않습니다. 그러니 평소에 개미가 들어오지 않도록 우리 집 전체의 위생도를 높이는 것이 중요합니다. 개미의 외부 유입 경로를 철저하게 차단해 최대한 실내 환경을 청결하게 하는 것이 최선입니다.

음식 부스러기 즉시 처리하기

아이 키우는 집에서 과자 부스러기, 아이스크림을 흘리는 것은 어쩔 수 없지만 달달하고 끈적이는 것을 좋아하는 개미의 특성을 기억해 음식이나 음료를 흘렸을 경우 즉시 치웁니다. 대부분 개미는 먹이를 찾기 위해 주방으로 침입하기에 남은 음식물은 개미가 닿지 않도록 밀폐 용기에 넣어 보관합니다. 또한 반려동물 사료에도 개미가 꼬일 수 있기에 사료에 접근하기 전에 미리 예방하는 것이 중요합니다.

외부 유입을 차단하기 위해 집 안 빈틈 확인하고 청소하기

개미는 일정 조건이 맞을 때 아무 곳이나 쉽게 집을 짓는 습성이 있습니다. 오래된 책, 정수기 밑은 물론이고 오래 방치한 기저귀에도 집을 지을 수 있습니다. 개미들이 침입하기 쉬운 베란다 또는 주방 근처의 창틀과 문틈, 갈라진 틈 등 구석구석 확인하고 청소해주세요.

화분 살펴보기

요즘에는 플랜테리어◆가 유행이라 식물을 집 안에서 많이 키웁니다. 식물이나 흙을 통해 해충의 알이나 유충이 유입될 수 있기에 주기적인 관찰과 관리가 필요합니다.

◆ 식물(plants)과 인테리어(interior)의 합성어로 식물을 활용해 포인트를 주는 인테리어를 말한다.

한옥집에서 주의해야 하는 흰개미

여름 뒷산에 올라가서 썩은 나무 그루터기를 부수어 보면 흰개미들이 부지런히 먹이 활동을 하고 있는 것을 쉽게 발견할 수 있습니다. 전 세계적으로 2,500여 종이 분포하고 우리나라에 살고 있는 흰개미는 땅속에 집을 짓는 종류인 일본흰개미(*Reticulitermes speratus*)이며 전국에 분포하고 있습니다.

흰개미는 장내 미생물을 이용해 셀룰로오스(Cellulose)를 분해해 먹고 살기 때문에 자연에서는 썩은 나무를 분해해주는 매우 중요한 역할을 합니다. 하지만 인간 사회에는 전 세계적으로 매년 수십억 달러의 피해를 주고 있으며 우리나라도 중요 문화재인 종묘 정전을 포함한 많은 목구조물이 해를 입었습니다. 강원도 왕곡마을은 전통 한옥과 초가집이 모여 있어 국가 민속 문화재로 지정된 곳인데, 최근(2021.07) 가옥 55곳 중 20곳이 흰개미 피해를 입었다는 보도가 있었습니다. 주로 목재가 접해 있는 땅 밑으로 접근해 목재 안쪽부터 갉아먹기에 겉표면에서는 흰개미의 침투를 잘 알 수 없어 피해가 상당히 진행된 후에 발견되는 경우가 많습니다.

2000년대 이후부터 흰개미를 퇴치하기 위해 여러 방제 방법이 연구되고 있습니다. 첫째는 서식 환경을 연구해 토양 처리제를 도포하는 방법, 둘째 성장 억제제를 이용한 군체의 점진적 퇴치 방법, 셋째 전자 센서를 통한 모니터링과 퇴치 방법, 넷째 실내 부착형 제거제를 사용한 군체 퇴치 방법 등이 있습니다.
옛 사찰, 한옥 고택, 전원주택 등이 최근 흰개미의 습격을 받고 있는데 위 방제 방법을 사용해 직접 할 수도 있고 흰개미로부터 예방, 방제, 모니터링을 동시에 진행해 주는 방제 전문 회사도 있으니 흰개미의 움직임이 포착되었다면 서비스를 이용하는 것이 효과적입니다.

우리나라에는 흰개미 약제에 대한 관리 관청이 명확하지 않아 작물 보호제, 감염병 예방용 살충제 등을 사용해 방제를 했으나 2019년 시행된 「생활화학제품 및 살생물제의 안전에 관한 법률」에 의해 승인된 살충제를 사용해야 합니다. (2025년 이후 사용 가능)

3

여름 불청객, 모기 위생

여름에는 날씨가 더워지면서 파리, 모기와 같은 벌레가 기승을 부립니다. 그중 모기는 여름철 대표 불청객이라고 할 수 있습니다. 모기를 막기 위해 만반의 준비를 하지만, 여름이면 가족들이 모기와 전쟁을 하게 됩니다. 분명 소리는 나는데 눈에 잘 보이지 않고, 어찌나 잘 숨어다니는지 모기를 잡기가 여간 쉽지 않습니다. 가뜩이나 더운 여름밤에 우리의 잠을 방해하는 주범, 모기. 어떻게 대처해야 할까요?

1) 모기의 습성을 알아야 이길 수 있다

모기와의 전쟁에서 이기려면 일단 모기의 습성을 잘 파악하는 것이 중요합니다. 모기는 몸길이가 고작 15mm도 안 되는 매우 작은 곤충이지만, 지구상에 약 3,500종이 존재하고 번식 속도가 무척 빠릅니다. 모기는 기온이 25~30℃에 근접할수록 활동이 더욱 왕성해, 고온다습한 여름철에 개체 수가 증가하며 더욱 기승을 부립니다. 또한 모기는 고인 물만 있으면 어디서든 서식할 수 있습니다. 모기의 유충은 고인 물속에 존재하는 각종 유기물을 먹고 자라기 때문에 축축한 정도의 물 깊이만 되어도 모기는 알을 낳고 번식할 수 있습니다.

밤에 잠을 자다 얼굴 근처에서 모기가 "앵~" 하는 소리에 단잠을 깬 경험 다들 있으실 겁니다. 모기는 감각기가 잘 발달해서 사람이 내뿜는 열기, 습도, 이산화탄소, 땀 등을 감지하는 능력이 뛰어납니다. 모기는 10~50m 거리에서 이산화탄소 냄새를 알아채고 5~10m 거리에서 사람을 볼 수 있으며, 20cm 거리에서 온도와 습도를 감지할 수 있습니다.

더욱이 아이들은 어른보다 열이 많고 신진대사 기능이 활발해 이산화탄소, 젖산, 아미노산 같은 대사물질을 더 많이 배출하기에 모기에 물릴 확률이 높아집니다. 기초 체온이 높고 호흡량이 많은 임산부들 또한 모기의 표적이 되기 쉽습니다.

모기가 비행 가능한 최고 높이는 약 7~8m로 건물로 치면 2~3층에 해당합니다. 모기는 일정 시간 동안 비행을 마친 뒤 벽에 붙어 휴식을 취해야만 합니다. 그럼, 아파트 고층에서 발견되는 모기들은 도대체 어떻게 된 걸까요? 바람이나 엘리베이터를 타고 따라 오는 경우도 있고, 사람의 몸에 붙어 있다 들어오기도 합니다.

국내에서 가장 많이 보이는 모기는 중국얼룩날개모기, 빨간집모기,

작은빨간집모기, 지하집모기, 흰줄숲모기 등입니다. 이 중 가정에서 자주 목격되는 모기는 지하집모기이며, 집모기 종류는 초저녁부터 10시 정도까지 활발하게 활동합니다. 지하집모기는 청결하지 않은 공간에서 알을 낳고 기생하다 보니 주로 도심의 정화조나 지하 주차장, 부속 기계실 등의 고인 물에서 서식이 가능해 발생 조건이 좋은 여름철뿐 아니라 늦은 가을까지도 출몰합니다. 우리나라는 아직 사례가 없지만 집모기 종류는 웨스트나일 바이러스를 옮길 수 있습니다. 미국에서는 매년 웨스트나일 바이러스 때문에 수십 명에서 수백 명이 사망하기도 합니다.

주로 임야가 있는 산이나 주위에 숲이 우거진 자연에 사는 중국얼룩날개모기는 말라리아를 동반합니다. 우리나라에서도 1993년 이후 환자가 꾸준히 나오고 있지만 다행히 치사율이 높지 않은 삼일열 말라리아 종류이며 치료제가 있어 약을 잘 복용하면 완치됩니다. 특히 새벽 2시 전후로 활동성이 강해 야간 순찰 등의 활동을 하는 경우 모기 기피제를 뿌리고 나가는 것이 도움이 됩니다.

작은빨간집모기는 일본 뇌염 바이러스를 옮길 수 있으며 발병하는 경우 치사율이 25%로 완치 후에도 후유증이 남는 무서운 질병을 유발합니다. 질병관리청은 매년 일본 뇌염 바이러스를 가진 모기가 발견되면 경보를 내리고 있습니다. 어린이는 생후 1~12세 사이에 예방 접종을 해야 하며 논이나 돼지 축사 인근에 거주하거나 활동하는 성인의 경우 예방 접종을 권하고 있습니다.

산에 가면 흔히 볼 수 있어 산모기라고 부르는 흰줄숲모기는 밝은 시간대에 주로 활발하게 활동하며 지카 바이러스와 뎅기열을 옮길 수 있습니다. 임산부가 지카 바이러스에 감염될 경우 비정상적으로 머리가 작은 소두증 아기를 출산할 가능성이 높습니다. 2016년 WHO는 지카 바이러스에 국제적 공중보건 비상사태를 선포했고, 당시 리우 올림픽을 준비하던 브라질에서는 소두증 환자가 급증하면서 임신을 피하라고 권고할 정도로 심각했었습니다. 우리나라에도 흰줄숲모기가 존재하지만, 지카 바이러스 전파 경로는 해외 감염 유입 사례만 있고 국내 모기로 인한 직접 감염은 아직 발견되지 않았습니다. 이처럼 모기는 각종 전염병과 바이러스를 옮기고 다니며 우리에게 큰 피해를 주고 있습니다.

2) 모기는 대체 왜 무는 걸까요?

우리를 공격하는 모기는 모두 암컷입니다. 암컷 모기는 교미를 끝낸 후 산란에 필요한 영양분을 보충하기 위해 혈액을 찾아다닙니다. 자신의 난자를 성숙시키기 위해 동물성 단백질이 충분한 사람이나 동물의 피를 흡혈하는 겁니다. 피를 섭취하지 못하면 알을 생산하지 못하거나 알 생산이 100여 개에서 10개 이하로 급격히 감소하기에, 암컷 모기가 피를 빠는 행위는 종족을 보존하기 위한 본능인 셈입니다.

이 세상의 모기를 전부 없앤다면 모기에 안 물릴 수 있을까요? 최근 과학자들은 볼바키아Wolbachia라고 하는 세균을 이용해 모기를 없애는 방법을 시도하고 있으며 상당한 효과를 거두고 있다고 합니다. 볼바키아균에 감염된 수컷 모기와 정상적인 암컷 모기와 교미하면 생존이 불가능한 쭉정이 알을 낳게 됩니다. 이외에도 모기를 없애기 위해 모기의 유전자를 변형하는 방법도 시도하고 있습니다. 우리나라에서도 친환경적인 모기 방제 방법을 연구하고 있지만 아직은 모기 문제가 해결되기까지 오랜 시간이 소요될 것 같습니다.

보통 모기에 물리면 대부분 조금 부었다가 가려운 정도로 끝나게 됩니다. 하지만 예민한 피부인 경우 물린 부위가 빨갛게 부어오르면서 단단해지고 열을 동반한 염증이 진행되는 경우도 있습니다. 이때 방치하면 화농이 심해져서 외과 수술을 하기도 합니다. 따라서 염증이 생겼을 경우 병원에서 치료받는 것이 좋습니다.

또 모기에 물린 후 자극성 피부염, 두드러기, 알레르기 등의 증상으로 고생하기도 합니다. 모기는 피를 빨기 전 혈액이 응고되지 않도록 타액을 투입하는데 이것이 우리 피부에 알레르기 반응을 일으켜 붓고 가려운 증상이 나타납니다. 이를 모기 알레르기, 일명 '스키터 증후군'이라 하는데요. 모기의 침 때문에 나타나는 국소 피부 염증 반응입니다. 이 질환은 부기가 심하고, 열이 동반되거나 화상을 입은 것처럼 수포나 물집이 생기기도 합니다. 드물지만 호흡 곤란을 일으키는 사람도 있습니다.

3) 모기에 물렸을 때 대처법은?

모기에 물리면 빨갛게 붓고 가렵기 마련입니다. 계속되는 가려움 때문에 갖가지 민간요법이 사용되곤 하는데 그다지 효과적이지 못합니다. 간혹 물파스를 바르기도 하는데 진통 성분이 통증을 줄여줄 수는 있지만 가려움에는 크게 도움되지 않습니다. 오히려 피부에 자극적이라 추천하지 않습니다. 일회용 반창고를 붙여주면 긁지 못하게 하는 효과는 있지만 역시 가려움에는 도움이 되지 않습니다. 모기에 물렸을 때 어떻게 대처하는 것이 좋을까요?

손으로 긁지 않기

간지러움 때문에 모기 물린 곳을 손톱으로 살살 긁거나 괜히 십자 모양으로 한번 눌러보게 됩니다. 긁으면 빨갛게 부어오르고 심하면 물집이 생기거나 덧나서 진물이 나오기도 합니다. 이때 손톱의 세균으로 2차 감염이 발생할 수 있으므로 최대한 손대지 않는 것이 좋습니다.

물린 부위에 침 바르지 않기

우리 몸에서 가장 세균이 많은 곳 중 하나는 '입'입니다. 모기 물린 곳에 침을 바르면 오히려 염증을 일으킬 수 있습니다. 모기에 물려 너무 가려울 때는 차라리 침 대신 비눗물로 깨끗이 씻어주는 것이 좋습니다. 따뜻한 숟가락을 물린 부위에 가져다 대면 가려움증의 원인 물질이 분해된다고 알려져 있는데 이것은 잘못된 상식입니다. 부기와 가려움증을 완화해줄 수 있는 항히스타민 성분과 국소마취 성분이 포함된 전용 약품을 사용하는 것이 좋습니다.

4) 모기를 예방하는 방법

잠을 자기 위해 불을 끄고 누우면 어디선가 들리는 모깃소리에 짜증나고 잠도 깨게 됩니다. 이런 모기는 어디서 왔을까요? 모기를 피할 수 있는 좋은 방법이 없을까요? 모기가 생기지 않게 하는 것이 근본적인 해결책이지만 세상의 모든 모기를 없앨 수 없기에 모기의 접근을 미리 차단하는 것이 최선일 것입니다.

고인 물 차단

앞서 말했듯 모기는 고인 물만 있으면 어디든 서식이 가능합니다. 따라서 쓰레기에 물이 고여 있어도 모기는 알을 낳고 번식할 수 있습니다. 또한 더운 여름철에는 알에서 성충으로 성장하는 시간이 열흘 정도로 매우 짧기에 우리는 미리 고인 물을 차단하는 것이 중요합니다.

주택의 경우 정화조 환풍구에 모기 방충망을 설치해 모기가 들어가지 못하게 하고, 수반·화분 밑 등에 고인 물이 있다면 바로 치워주는 것이 좋습니다. 또 집 주변에 연못이 있다면 주기적으로 모기 유충구제제를 사용해서 모기가 번식하지 못하게 하는 것이 중요합니다.

방충망 설치

모기는 현관문 근처에 있다가 문이 열리면 사람을 따라 들어오기도 합니다. 고층 아파트라도 사람과 함께 엘리베이터를 타고 같이 올라올 수도 있습니다. 또한 모기는 바람을 타고 고층까지 이동해 창문으로 들어올 수도 있습니다. 모기가 기승을 부리기 전 방충망에 구멍이 나거나 손상된 부분은 없는지 살펴봅니다. 모기는 2mm의 아주 작은 틈만 있어도 들어올 수 있기에 만약 방충망에 작은 구멍이 생겼을 때는 스티커 형식의 제품을 사서 덧붙이고, 틈새가 발견된다면 실리콘을 이용해 막아줍니다.

모기장 활용

가정에서 모기를 막기 위해서 모기향(코일형), 전자모기향(매트형, 액체형)을 많이 사용합니다. 모기향, 전자 모기향 등은 살충 입자를 공간에 휘발시켜 모기를 잡는 원리이므로 밀폐된 공간이나 영유아가 있는 가정에서는 살충제를 사용하기 보다는 모기장 활용을 추천합니다. 집에 모기장을 설치하면 모기 접근을 효과적으로 차단할 뿐 아니라, 살충제와 같은 화학 물질을 뿌리지 않아도 되니 더욱 안심하고 지낼 수 있습니다. 모기장은 그물코가 2mm 이하의 촘촘한 것으로 선택하고 출입구에 틈이 생기지 않도록 합니다.

살충제 사용

모기를 간편하게 퇴치할 수 있는 방법으로 가장 많이 사용되는 것은 살충제입니다. 무조건 피하기보다 용법과 용량에 맞춰서 적절하게 뿌려주면 도움이 될 수 있습니다. 환경부에서 안전성을 인정받은 제품을 선택하고, 주의 사항을 지켜 사용해야 합니다. 대개 살충제에는 '피레스로이드계Pyrethroid' 성분이 함유되어 있습니다. 이 성분은 곤충 같은 절지동물의 신경 작용을 방해하는 기능을 하기에 살충제를 뿌릴 땐 뿌리는 사람 외엔 입실을 피하고 살충제를 사용한 후에는 환기를 충분히 합니다.

모기 기피제 사용

야외 활동 시에는 모기 기피제를 사용해주세요. 모기 기피제는 모기를 죽이는 효과는 없으나 모기의 접근을 막거나 모기를 쫓는 효과가 있습니다. 피부 노출 부위나 옷 위에 사용하며 눈이나 입, 상처 부위에는 바르지 않도록 주의하고 집으로 돌아오면 기피제를 사용한 부위를 물과 비누로 깨끗하게 씻어주면 됩니다.

시중에 판매되는 모기 기피제도 종류가 다양합니다. 구입하기 전 반드시 용기나 포장에 식약처의 '의약 외품' 표시가 있는지 확인해야 합니다. 식약처에서 모기 기피제로 허가해준 성분은 총 4가지 IR3535, 디에칠톨루아미드DEET, 이카리딘icaridin, 파라멘탄-3,8-디올PMD입니다. 2022년 기준으로 이 4가지 성분을 제외한 나머지 성분으로 만들어진 것은 전부 무허가 제품입니다. 허가를 받지 않은 제품은 안전성과 효과가 검증되지 않았기에 인체에 유해할 수 있습니다. 따라서 구입 전 식약처 허가 여부를 반드시 확인하시기 바랍니다.

식약처에서 모기 기피제로 허가해준 성분 중 IR3535를 추천합니다. IR3535 성분은 미국 환경보호청EPA과 유럽화학물질청ECHA에 등재되어 있고, 세계보건기구와 미국 질병통제예방센터CDC가 지카 바이러스 대응법으로 소개한 성분입니다. 무엇보다 WHO 독성 물질 구분 기준으로 U 등급에 해당하는 안전한 물질로 연령 제한 없이 사용이 가능하고 피부 저자극 물질이라 아이들, 임산부도 사용할 수 있습니다. 이에 비해 디에칠톨루아미드는 12세 미만의 어린아이들의 사용에 제한이 있습니다.

모기를 쫓는 효과는 크지만, 신경계나 호르몬계 이상을 일으킬 수 있어 30% 이하의 저농도로만 사용하게 돼 있습니다. 따라서 디에칠톨루아미드 성분은 모기향과 함께 쓰거나 사계절 필수품인 선크림과 같은 물질과 섞이면 체내 흡수율이 높아진 사례가 있어 사용 시 주의해야 합니다.

4

불결함의 대명사,
파리 위생

파리는 전 세계적으로 5만 종 이상이며, 열대 지방에서 한대 지방까지 세계 어느 곳에나 살고 있습니다. 일반적으로 파리는 한곳에 정착하지 않고 먹이를 찾아 비행하며 어디든 다닐 수 있습니다. 많은 종류의 파리가 식물의 수정을 돕거나 유해 곤충을 포식하며, 유기 물질의 부식물을 청소하는 등 여러 면으로 인류 생활에 유익한 일을 하고 있습니다. 그러나 생활 속에서 흔히 접하는 일부 파리는 더러운 음식과 부패한 유기 물질을 옮겨 다니면서, 사람 또는 동물에 기생 생활을 하고 있으며, 바이러스·박테리아 등 많은 종류의 질병을 매개합니다. 집파리는 모든 식품 안전에 가장 심각한 위험을 야기하는데 장티푸스, 파라티푸스, 살모넬라성 위장염, 콜레라, 결핵 및 그 밖에 식품으로 인한 질병을 일으키는 미생물을 실어 나르는 역할을 합니다.

1) 파리의 특징

파리의 일생은 알, 유충(애벌레), 번데기, 성충, 이렇게 네 단계로 이루어지는 완전 변태를 하는 해충입니다. 암컷 파리는 75개에서 150개까지 한 덩어리로 뭉쳐 있는 알을 낳는데 한 마리의 암컷 파리가 평생 최다 900개까지의 알을 낳을 수도 있다고 합니다. 날씨가 따뜻할 때는 파리 유충인 구더기가 8~12시간 만에 알에서 나오며 이 유충은 세 번의 탈피 단계를 겪는데 기간은 3일에서 7일 정도 걸리고 3일에 걸친 번데기 과정을 마친 뒤 성충이 됩니다. 이 과정은 날씨가 따뜻하면 1주 이하로 매우 빠르게 나타나지만 추운 환경일 경우 8주가 걸릴 수도 있습니다.

집파리의 경우 알은 15~40℃에서도 생존이 가능하며 유충 역시 10~45℃에서도 생존이 가능합니다. 그렇다면 파리는 어떻게 퇴치해야 할까요? 파리는 종마다 다른 환경을 선호하기에 그들 각각의 특성을 정확하게 파악해야 합니다.

2) 불결한 파리, 집파리

집파리는 성충의 크기가 4~7.5mm 내외이며 어두운 회색이 돌고 머리 부분은 2줄 무늬, 가슴 부분은 4줄 무늬, 배 부분은 대부분 금색과 회색을 띠고 있습니다. 집파리는 액상 물질만 섭취하며 잡식성으로 음식 쓰레기, 분변을 선호합니다. 이렇게 음식물을 좋아하는 집파리는 음식물에 잠깐 앉기만 해도 각종 전염병을 옮길 수 있습니다. 수 킬로미터 이상 이동이 가능하나 30m 내외로 활동하는 집파리는 실내에서는 산란하지 않고 실외에서만 산란하는 것으로 알려져 있습니다. 실외에서 자란 집파리는 실외의 온도가 너무 높거나 낮거나 또는 휴식 장소를 찾는 등의 이유로 실내로 침입합니다. 또한 불빛에 유인되어 침입하는 경우도 많습니다.

3) 여름철 과일도둑, 초파리

여름철 과일이나 음식물 쓰레기를 단 몇 시간 방치하는 순간, 귀신같이 초파리가 생기는 것을 볼 수 있습니다. 초파리는 성충의 크기가 3~4mm 내외로 매우 작으며 대부분 몸이 황갈색이며 눈은 대체로 밝은 빨간색입니다. 초파리는 번식력이 타 파리류보다 월등히 강한데 암컷 한 마리가 평균 500마리를 산란하는 것으로 알려져 있습니다. 알에서 1~2일, 유충 기간 5~6일, 번데기 기간 약 2일, 총 일주일이면 성충이 됩니다. 성충은 약 2주간 살며 번식합니다. 초파리는 발효된 음식을 매우 선호하는데 특히 과일, 식초, 포도주, 음료수, 맥주, 막걸리 등에 유인이 잘 됩니다. 물기가 있는 장소에 산란하며 쓰레기통 주변에서 낮게 비행하며 산란 장소를 찾습니다. 이러한 모습을 보고 쓰레기봉투를 묶어두는 사람도 많은데 초파리는 3mm 정도의 작은 틈새도 통과할 수 있으므로 안심할 수 없습니다. 초파리 역시 성충의 경우 불빛에 유인됩니다.

4) 화장실의 불청객, 나방파리

누구나 화장실에서 한 번쯤은 봤을 법한 날파리가 바로 나방파리입니다. 화장실 벽에 다닥다닥 붙어 손으로 내저어도 움직이지 않는 나방파리는 성충의 크기가 1.6~6mm 정도로 더듬이가 길고 전체적으로 흑갈색을 띱니다. 파리지만 몸과 날개에 나방처럼 비늘이 덮여있어 '나방파리'라고 불리는 이 해충은 물이 고이고 물이끼가 있는 곳에서 활동하며 벽에 앉아서 쉬는 것이 대부분의 행동입니다. 다른 파리들처럼 병균을 옮기는 해충은 아니지만 알레르기를 일으키는 경우도 있으며 결막염의 원인이 되기도 합니다. 알에서 성충까지 기간은 약 10일에서 17일로 조건이 좋으면 더 빠르게 성장합니다. 알은 한 번에 150여 개를 낳으며 주로 하수구 안쪽 물때가 끼는 곳에 산란합니다.

5) 파리 방제 방법

파리도 다른 해충과 마찬가지로 한번 발생하면 퇴치하기 어려우므로 예방이 먼저 이루어져야 합니다. 그럼 어떻게 예방하는 것이 좋을까요?

배수구 깨끗이 청소하기

배수구에 있는 음식물에서 파리가 파리가 유인될 수 있기 때문에 배수구는 항상 깨끗이 정리하고 틈을 꼼꼼하게 잘 막아 파리가 유입되지 않게 해야 합니다. 또한 쓰레기통 역시 자주 비워주어야 합니다.

정기적으로 청소하기

음식물 쓰레기, 과자 부스러기, 젖은 종이 박스 등을 방치하면 파리를 집 안으로 유입시키는 원인이 될 수 있습니다. 한번 유입되면 다른 음식물에서 발생할 수 있으므로 조심해야 합니다.

방충망 및 하수구 점검

방충망은 촘촘한 미세 방충망으로 설치하고 창문틀 사이 구멍이나 문틈으로도 충분히 유입되므로 작은 틈 하나하나 확인해야 합니다. 또한, 하수구에서 올라올 수 있으므로 하수구 트랩을 설치합니다. 나방파리의 경우 하수구 트랩으로도 방제가 안 될 수 있으니 일주일에 한 번은 하수구 내부까지 깨끗이 청소해주면 좋습니다.

고인물 체크

나방파리의 경우 고여 있는 물에서 번식하기에 물이 고인 곳이 없도록 잘 닦아줘야 하며 화장실 틈 사이를 잘 확인해야 합니다. 특히 샤워하고 난 후 구석에 고이는 물을 방치해뒀다간 그 사이로 나방파리가 번식할 수 있으니 조심해야 합니다.

예방을 열심히 했음에도 불구하고 파리가 꼬이는 경우가 있습니다. 이럴 경우 살충제를 뿌려 방제할 수 있는데, 집에 비치해 둔 바퀴벌레용 살충제를 사용하면 파리도 효과적으로 살충할 수 있습니다. 베란다나 하수구의 고인 물이 발견될 경우 번식을 차단하기 위해서는 거품형 살충제를 뿌려주면 차단과 예방을 동시에 할 수 있습니다. 또 빛에 유인되는 파리의 습성을 이용한 포충기를 사용해 잡는 방법도 있습니다.

5

긴 전염병의 역사를 가진 쥐 위생

쥐는 척추동물문, 포유동물강, 쥣과에 속하는 설치동물로 해충은 아니지만 음식물의 오염 및 손실, 시설물의 파괴, 질병의 전파 측면에서 해로운 동물로 분류되기에 이 챕터에서 같이 살펴보려고 합니다. 곡식을 먹는 쥐는 오래전부터 사람들에게 피해를 주는 동물로 인식되어 왔습니다. 요즘은 쥐가 출몰하는 자체가 이슈가 되기도 하고 쥐에 기생하는 해충이 옮기는 감염병 때문에 문제가 되고 있습니다.

쥐는 전 세계에 1,700여 종이 있고 우리나라에는 가주성 쥐와 들쥐를 포함해 모두 12종이 관찰되었습니다. 가주성 쥐는 시궁쥐와 곰쥐 그리고 생쥐 3종류이고 나머지는 야생 쥐입니다. 야생 쥐는 등줄쥐가 압도적 우점종입니다.

1) 우리가 잘 알지 못하는 쥐의 특징

쥐의 치아

쥐의 앞니는 죽을 때까지 하루에 0.5mm 정도 자라 계속 이를 갉아주지 않으면 나중에 음식을 섭취하는 데 사용할 수 없습니다. 그래서 쥐는 늘 단단한 표면을 앞니로 갉는 습성을 가지게 되었고, 이러한 습성이 시설물의 파괴 또는 손실을 일으켜 많은 경제적 피해를 일으키고 있습니다.

음식물 섭취 및 배설

잡식성인 쥐는 아무 음식이나 잘 먹지만 이물질에 대한 경계심이 매우 강해 낯선 음식을 먹지 않습니다. 또한 쥐는 매일 체중의 1/4에 해당하는 음식을 먹어야 하는데 일반적으로 3일 이상 먹이를 섭취하지 않으면 죽게 됩니다. 이런 대식성에 비해 위가 작아 1일 섭식량을 15~20회에 걸쳐서 나눠 먹으면서 잦은 먹이 활동을 합니다. 쥐가 야간에 활동하는 동물임에도 종종 낮에 볼 수 있고, 한번 쥐가 생기면 주변에 쥐의 흔적이나 오염물을 쉽게 발견하게 되는 이유가 여기에 있습니다.

쥐의 번식 능력

가주성 쥐의 경우 대체로 태어난 후 3개월 뒤부터 번식이 가능하며, 1회 분만에 6마리 내외(4~10마리)를 출산합니다. 쥐는 가임 기간이 20일 내외로 짧아서 연 5~6회 정도 출산이 가능한 엄청난 번식력을 가지고 있습니다. 쥐의 수명은 환경 조건에 따라 다르지만, 곰쥐와 시궁쥐는 대략 3년, 생쥐는 1년 정도입니다. 주로 도심 지역에 생활하는 곰쥐의 경우는 대부분 건물에 서식하기 때문에 온도의 영향을 덜 받아서 연간 내내 출산을 하고 있습니다.

흔적

앞서 언급한 것과 같이 쥐는 직접적인 음식물 섭취에 의한 흔적이나 이빨로 사물을 갉은 흔적 외에도 여러 서식 흔적을 남깁니다. 대표적인 것이 쥐똥인데, 쥐똥의 형태에 따라 서식종을 구분할 수 있습니다. 이외에도 오줌으로 인한 흔적과 냄새, 먹이 탐색을 하며 이동할 때마다 남기는 발자국, 이동 시에 몸을 굽히고 다니는 곰쥐의 경우 쥐 꼬리 자국을 남기기도 합니다.

2) 쥐가 일으키는 보건상의 피해

쥐가 옮기는 질병으로는 흑사병이 역사적으로 가장 유명하지만 우리나라에서 발병된 사례는 없습니다. 그 외에도 쥐에 의한 주요 질병에는 식중독, 출혈성 폐렴, 유행성 출혈열 등이 있습니다.

식중독(살모넬라균 감염증)

쥐는 살모넬라균류가 많이 서식하는 시궁창이나 하수구를 돌아다니기 때문에 쥐의 몸에는 균이 묻어 있습니다. 이러한 쥐가 집 안에 침입해 먹이 활동을 위해 돌아다니다 이들이 오염시킨 곳에 음식을 놓거나 살모넬라균에 감염된 쥐의 배설물이 섞여 들어간 음식을 먹는다면 식중독에 걸리게 됩니다.

살모넬라균류는 열에 약한 특징(60℃에서 20분, 70℃에서 3분 이상 가열 시 사멸)을 지니고 있으므로 균에 감염되었다고 판단되는 것들은 열로 소독해야 합니다. 하지만 살모넬라균류는 저온, 냉동, 건조 상태에서는 사멸되지 않아 냉동식품 중에서 살모넬라균류가 검출되는 일도 있으므로 충분히 익혀서 먹는 것이 좋습니다.

출혈성 폐렴(렙토스피라증)

병원성 렙토스피라균*Leptospira interrogans* 등 감염에 의한 인수 공통 질병입니다. 렙토스피라균에 감염된 가축이나 야생 동물의 소변에 오염된 물 또는 토양에 피부가 노출되었을 때 감염되는 질병이나 주로 쥐를 통해 감염됩니다. 국내에서는 매년 100여 명의 환자가 발생하며 증상으로는 가벼운 감기, 고열, 구토, 독감 등이 있습니다. 2020년 자료에 의하면 감염자 중 약 60%는 농림축산업에 종사하는 사람들이었습니다. 35%는 등산, 산책, 낚시 등과 같은 야외 활동을 통해 감염된 이들이었습니다. 홍수가 나면 물속으로 렙토스피라균이 많이 유입되므로 태풍이나 홍수가 발생한 뒤 야외에서 작업할 경우 보호복과 장화, 마스크를 반드시 착용해야 합니다.

유행성 출혈열(신증후군출혈열)

한국의 대표적 가을철 발열성 질환으로 한탄 바이러스*Hantaan orthohantavirus, Seoul orthohantavirus* 등 감염에 의한 급성 발열성 질환을 꼽을 수 있습니다. 1976년에 최초로 우리나라 한탄강 지역에서 잡은 등줄쥐로부터 바이러스를 분리하여 한탄 바이러스라고 명명되었고 이후 세계 전역에서 보고되면서 이 바이러스 종류를 한탄 바이러스로 분류했습니다. 법정 감염병으로 지정된 이후 1977년 176명이 감염으로 신고되었고, 2000년 이후에는 감염자가 매년 400~500명 내외로 증가와 감소를 반복했으나 2017년 이후 감소세를 보이고 있습니다.

바이러스에 감염된 설치류의 배설물, 오줌, 타액 등이 건조되어 먼지와 함께 공중에 떠다니다가 상처 난 피부 또는 눈, 코, 입 등을 통해 사람에게 감염됩니다. 잠복기는 대개 2~3주 정도이며 초기 증상으로는 갑자기 시작되는 39~41℃에 달하는 고열과 오한, 두통, 근육통, 구토, 복통 등을 보이고 경과가 좋지 못한 경우 신부전, 폐부종, 폐출혈 쇼크 등으로 사망하기도 합니다. 예방을 위해서는 유행성 출혈열이 많이 발생하는 지역에는 가지 않는 게 가장 좋은 방법이지만, 야외 활동이나 집 안에서도 쥐나 쥐의 배설물과 접촉하지 않도록 주의가 필요합니다.

6

알레르기 질환의 원인, 집먼지진드기 위생

겨울철에는 매서운 추위, 미세 먼지, 건조한 날씨 등 건강을 위협하는 불청객이 많습니다. 그리고 또 다른 불청객이 있는데, 바로 집먼지진드기입니다. 아이를 키우면서 가장 염려스러운 것이 아토피, 천식 등 알레르기 질환인데, 그 원인 중 하나가 집먼지진드기로 꼽힙니다.

2011년 어린이·청소년 천식 및 알레르기 질환 유병률 추이를 조사한 질병관리청 발표에 따르면 지난 15년간 어린이·청소년에서 알레르기 질환이 2배 이상 증가했고, 주요 원인으로 집먼지진드기를 꼽았습니다. 특히 어린이의 32.4%, 청소년의 42.7%가 집에서 흔히 발견되는 집먼지진드기에 알레르기 반응을 보이는 것으로 조사되었습니다. 실제로 여러 연구의 결과를 보면 아토피 피부염을 앓고 있는 어린이 환자 중 절반 이상이 집먼지진드기 항원에 양성 반응을 보였으며 이러한 아이들의 경우 천식 및 알레르기성 비염으로 진행되는 경우가 많습니다.

오래전부터 집먼지진드기는 꽃가루 등과 함께 알레르기 질환을 일으키는 대표적 알레르기 물질로 알려져 있습니다. 특히 민감성 피부나 알레르기성 체질을 가진 사람, 면역력이 약한 아이들에게는 더 위험할 수 있습니다. 만약 아이들이 알레르기 질환으로 힘들어한다면 집먼지진드기를 의심해보시기 바랍니다.

<알레르기 질환 의사 진단 경험률(1998~2020)>

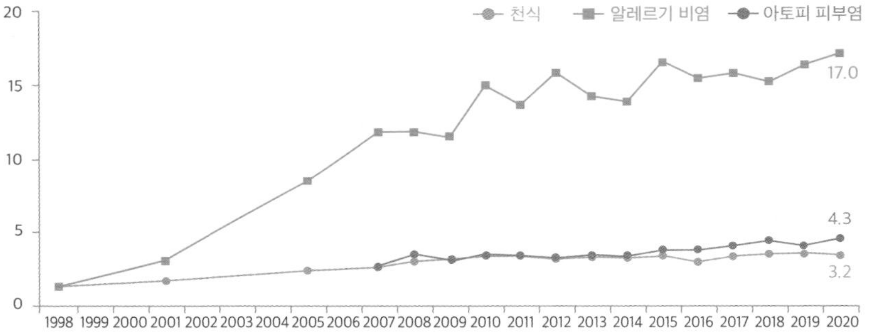

출처: 질병관리청, <국민건강통계>, 2020

1) 왜 겨울철에 더 기승을 부리는 걸까

현미경을 통해 자세히 관찰해보면 집먼지진드기는 더듬이 없이 가시와 털이 몸체에 돋아나 있는 형상을 하고 있습니다. 머릿니와 비슷하게 생겼지만 집먼지진드기는 0.3~0.4mm의 크기로 아주 작아서 발견하기 쉽지 않습니다.

우리가 생활하는 곳에서 집먼지 진드기는 얼마나 있을까요? 먼지 1g당 집먼지진드기가 100마리를 넘을 경우 알레르기 비염이나 천식을 유발할 수 있는 위험한 상태라고 하는데, 평범한 일반 가정에서 검출되는 집먼지진드기의 양은 이 숫자를 훨씬 뛰어넘습니다. 일반적으로 집먼지진드기는 침구나 소파와 같은 곳에 많이 서식하며 먼지 1g당 약 300~400마리가 존재한다고 합니다.

집먼지진드기는 사람이나 동물의 각질, 비듬, 과자 부스러기 등을 먹고 사는데 주 먹이는 사람의 피부에서 떨어진 각질입니다. 우리의 피부세포는 소멸과 재생을 반복하면서 각질을 생성해냅니다. 진드기는 우리 몸에서 떨어지는 각질 1g만 있어도 10만 마리가 번식할 수 있을 정도로 생존력이 강합니다. 겨울은 건조해서 다른 계절에 비해 각질도 그만큼 더 많이 생겨납니다. 옷이나 침대에 이 각질이 남겨지는데 집먼지진드기들은 이 각질을 먹으면서 생존합니다.

겨울철에는 난방으로 훈훈한 실내 온도, 겨울철 환기를 자주 하지 못해 생겨나는 실내 먼지, 가습기로 인한 높은 습도, 사람의 몸에서 생겨난 각질까지 집먼지진드기가 살아가는 데 아주 최적의 환경이 됩니다. 겨울철이 되면 알레르기, 아토피 질환의 증상이 심해지는 경우가 많습니다. 온도, 습도, 공기 오염원 등 다양한 원인이 있겠지만 집먼지진드기도 원인 중 하나입니다.

집먼지진드기는 굉장히 작은 크기로 눈에 잘 보이지 않아 그 심각성을 인지하지 못하지만 집먼지진드기에 노출되면 알레르기, 천식 등의 질환으로 발전할 가능성이 높아지므로 집먼지진드기가 발생하지 않도록 주기적인 집 안 환경 관리가 필요합니다.

2) 알레르기 질환의 원인은 집먼지진드기의 배설물과 사체

집먼지진드기는 알레르기 질환을 일으키는 것으로 널리 알려져 있습니다. 그런데 사실 집먼지진드기 자체는 알레르기를 일으키지 않습니다. 진짜 원인은, 진드기의 배설물과 사체가 피부에 닿거나 호흡기로 들어와서 각종 피부병이나 호흡기 질환을 일으키는 것입니다.

구체적으로 설명하자면 집먼지진드기 수명은 대략 60~90일입니다. 그 기간에 매일 배설하는데, 배설물에 포함되어 있는 특이 단백질(알레르기 질환 유발 원인 물질)이 알레르기 질환을 일으킵니다.

죽은 뒤 말라 부스러진 집먼지진드기의 사체 속 특이 단백질 성분이 기도로 흡입된다면 기관지 내벽에 악영향을 끼쳐 천식·발작을 유발하기도 하고 피부 세포를 약하게 만들어 아토피의 원인이 되기도 합니다. 통계적으로 사람들의 약 30%가 이 물질에 알레르기 반응을 보인다고 합니다.

3) 집먼지진드기의 서식처

집먼지진드기는 침구, 매트리스, 의류, 소파, 카펫, 커튼 등 섬유로 되어 있는 곳에 서식합니다. 집먼지진드기가 가장 좋아하는 것은 섬유 소재이기에 피부에 가장 먼저 닿는 부위에 서식하고 있습니다. 그렇다 보니 피부 질환을 집중적으로 일으킵니다. 현미경을 통해 들여다보면 주로 섬유망 사이사이로 진드기가 돌아다니는 것을 볼 수 있습니다.

특히 아이들이 가장 많은 시간을 보내는 침대나 소파, 이불, 베개와 같은 침구류와 옷은 집먼지진드기에게는 천혜의 환경이 됩니다. 아기 침대와 침구 역시 의심할 필요가 있습니다. 이 중 주목할 부분이 바로 매트리스입니다. 침대 매트리스는 잠잘 때 흘리는 땀과 몸을 뒤척일 때 떨어져 나온 피부 각질로 인해 박테리아, 곰팡이, 집먼지진드기 등이 서식하기 좋은 환경이 됩니다.

평균 수명이 3개월 정도 되는 집먼지진드기는 번식력이 워낙 좋아 살아 있는 동안 200배로 개체 수를 늘립니다. 특히 겨울에는 이불, 베개 같은 침구류의 보온 효과로 인해 번식에 최적의 환경이 됩니다.

이외에도 아이들과 외출 시 사용하는 육아용품도 안심할 수 없습니다. 외출 필수품인 유모차, 아기 띠 모두 대부분 천으로 만들어지고, 친환경적이라고 소개되는 패브릭 장난감 역시 집먼지진드기의 서식지라 할 수 있습니다.

4) 집먼지진드기를 몰아내는 생활 습관

이처럼 우리가 생활하는 대부분의 영역이 집먼지진드기에 노출되어 있습니다. 그렇기에 그들이 번식할 수 없는 환경을 만드는 것이 가장 중요합니다. 다음과 같은 생활 수칙을 잘 실천한다면 집먼지 진드기 예방에 많은 도움이 될 것입니다.

제거의 기본, 청소

겨울철에는 실내 청소를 게을리하기 쉽지만 사람의 피부 각질, 바닥에 쌓인 먼지, 머리카락, 과자 부스러기 등은 집먼지진드기의 먹이가 될 수 있으므로 깨끗하게 닦아내야 합니다. 특히 가구 밑이나 소파 아래 등 구석에 묵은 먼지가 쌓이지 않게 관리해주세요.

온도·습도 적절하게 관리하기

겨울철은 난방 온도를 높게 하고 가습기 사용량이 증가하기에 집먼지 진드기가 서식하기 좋은 환경이 됩니다. 그러니 진드기들이 서식하기 어렵도록 온도와 습도를 유지하는 것이 우선입니다.

진드기는 실내 25℃ 이상에서 번식하기 쉽기에 실내 온도를 25℃ 이하로 유지합니다. 또한 집먼지진드기는 주변 공기 중 습기를 흡수해 수분을 섭취하기 때문에 습도가 낮으면 살 수 없습니다. 따라서 습도가 55% 이하로 떨어지면 번식할 수 없게 되고, 습도 40~50% 이하에서는 생존하기 어렵기에 실내 습도는 55% 이하로 유지합니다.

주기적으로 환기하기

겨울철에는 문을 꼭꼭 닫고 하루 종일 가습기를 작동하는 가정이 많은데, 환기를 자주 해주면 습도가 너무 높거나 낮지 않게 유지할 수 있습니다. 또한 겨울은 다른 계절에 비해 실내 공기 중 미세 먼지가 많아 집먼지진드기는 물론 온갖 오염 물질이 쌓이기 쉽습니다. 이때 환기를 해 오염된 실내 공기를 바깥으로 배출하고, 깨끗한 공기가 실내로 들어올 수 있도록 해줍니다.

간혹 미세 먼지가 걱정되어 창문을 닫고 청소하는 경우가 있는데 이 경우 집먼지진드기 사체가 공기 중으로 날려 바닥에 다시 가라앉게 됩니다. 이 상태로 방치하면 사체가 공기 중에 떠올라 알레르기를 일으키는 요인이 될 수 있으니 청소할 때도 환기에 신경 써야 합니다.

침구류, 의류는 고온 세탁

이불, 베개 같은 침구류, 의류 등은 60℃ 이상의 물로 세탁하면 집먼지진드기는 사멸되며, 알레르기의 직접 원인인 사체와 배설물까지 말끔하게 처리할 수 있습니다. 그러니 적어도 2주에 한 번은 세탁하는 것이 좋습니다. 또 아이들이 자주 접하는 카시트, 아기 띠 등 같은 육아용품 역시 같은 방법으로 주기적으로 세척해야 합니다.

햇볕에 건조 및 털기

겨울철 두껍고 무거운 이불은 세탁과 건조를 자주 하기 쉽지 않습니다. 그렇더라도 침구류를 앞뒤로 돌려 털어가며 햇볕을 쬐면 살균과 함께 집먼지진드기를 없앨 수 있습니다. 집먼지진드기는 충격에 약해, 팡팡 치면서 털어주면 떨어져 나올 확률이 높습니다. 털어준 침구류를 한나절 정도 햇빛에 말리면 습도가 떨어지면서 이불 속에 남아 있던 진드기는 거의 죽게 됩니다. 각종 패브릭 소품이나 카펫, 쿠션 등도 자주 털어주고 햇빛에 소독해야 합니다.

퇴치제 적절하게 사용하기

집먼지진드기는 한번 생기면 빠른 속도로 번식하기에 완벽하게 퇴치하기가 쉽지 않습니다. 이때는 앞에 언급한 여러 방법과 동시에 진드기 퇴치제를 사용하면 진드기 제거에 많은 도움이 될 수 있습니다.

시중에는 여러 유형의 진드기 퇴치제가 있습니다. 그중 스프레이형 퇴치제 사용을 추천합니다. 분사 형식이라 침대, 소파, 커튼은 물론이고 아이들이 자주 접하는 카시트, 유모차 등 평소 세탁이 어려운 섬유 제품에 두루 활용할 수 있습니다. 사용 방법도 간단해서 주기적으로 분무해주고 가볍게 탈탈 털어주면 집먼지진드기를 제거할 수 있습니다. 다만 퇴치제를 구매할 때 성분을 꼼꼼하게 살펴야 합니다. 아이들도 안심하고 사용할 수 있는 성분인지 반드시 확인해야 합니다. 따라서 구입 전 제품 표면에 환경부로부터 집먼지진드기 퇴치제로 허가 또는 신고된 살생물 제품(안전확인대상 생활화학제품)인지 꼭 확인하시기 바랍니다.

반려동물과 함께 생활할 때는 위생에 더욱 신경 쓰기

집먼지진드기는 동물의 각질 및 노폐물을 먹고 살기에 집먼지진드기는 반려동물이 많은 곳에서 더 살기가 좋다고 합니다. 따라서 반려동물을 기르는 가정에서는 특히 집먼지진드기를 주의해야 합니다. 그러니 반려동물과 함께 생활하는 경우 사람의 침구류뿐 아니라 반려동물의 방석, 담요, 봉제완구, 소파 커버 등을 주기적으로 세탁하고 햇빛에 소독해주세요.

7

요즘도?
머릿니 감염 위생

아이를 키우다 보면 정말 예기치 못한 일에 당황할 때가 많습니다. 그중 하나가 아이 머리카락 사이에서 머릿니를 발견했을 때입니다. 1970~1980년대는 머릿니를 가진 아이가 많았습니다. 그때는 자주 씻지 않아 위생 상태가 열악해 머릿니가 기승을 부렸습니다. 하지만 그 후엔 위생 관념이 좋아져 실제로 머릿니 감염증 발생률이 크게 낮아졌습니다. 그런데 최근 아이들 사이에서 머릿니가 다시 유행하면서 골칫거리가 되고 있습니다.

대체적으로 '머릿니'는 위생 관리가 불량한 경우 발생하는 것으로 알려져 있습니다. 하지만 과거와 달리 요즘은 생활 수준, 위생 상태와 상관없이 전염으로 생기는 경우가 대부분입니다.

머릿니 감염증은 전 세계적으로 발생하고 어느 연령에서나 발생할 수 있지만, 주로 3~12세 사이의 소아나 어린이에게 발생합니다. 미국에서는 한 해 600만 명이 넘는 아이들이 머릿니로 치료받는다고 합니다. 따라서 삶의 환경이 좋아진 현재에도 빈번히 발생하는 셈입니다.

우리나라에서도 1980년대 이후 대부분 퇴치된 것으로 알려져 있지만 실상은 그렇지 않습니다. 질병관리청에서 발표한 연구 자료에 따르면 머릿니는 우리나라에서 유치원 및 초등학생을 중심으로 지속적인 기생률을 보이는 기생충입니다. 2007년 질병관리청이 공개한 자료에 따르면 전국 초등학생과 유치원생 100명 중 4명(4.1%)꼴로 머릿니가 기생하고 있는 것으로 나타났습니다.

머릿니 감염증 원인과 똑똑하게 대처하는 방법을 알아보도록 하겠습니다.

1) 머릿니 어디에서 감염되는 걸까?

머릿니는 사람의 머리카락에 살면서 두피의 피를 빨아먹는 기생충입니다. 몸길이가 3mm 미만으로 매우 작지만, 피부를 뚫고 피를 빨 수 있는 날카로운 입을 가졌습니다. 암컷 머릿니는 사람의 머리카락 속에서 알을 낳는데, 그 알을 서캐라고 합니다. 암컷의 경우 서캐(알)를 머리카락에 300개 정도 낳을 수 있습니다. 이 서캐가 부화하는 데 6~9일 정도 걸리고, 그로부터 7일 이상 지나면 알을 낳을 수 있는 성충 머릿니가 됩니다. 성충 머릿니는 생존 기간이 평균 30일입니다.

무엇보다 머릿니는 매우 작아서 눈으로 잘 보이지 않습니다. 주로 머릿니 서캐를 발견함으로써 머릿니 감염을 알 수 있습니다. 서캐가 있다면 감염된 것입니다. 서캐는 하얀색으로 작고, 둥글며 머리카락 옆에 아주 단단히 붙어 있어서 머리를 감아도 좀처럼 떨어지지 않습니다.

머릿니에 감염되면 가장 흔한 증상은 가려움증입니다. 너무 가려워 잠을 제대로 자지 못합니다. 가려움증이 심해 계속 긁다 보면 상처가 생겨 2차 감염이 생길 수 있습니다. 심한 경우 머리카락이 빠지는 탈모 증상까지 나타날 수 있습니다. 머릿니 감염이 반복되면 콧물, 코 막힘, 호흡 곤란 등 알레르기 증상이 생길 수 있습니다. 아이가 머릿속이 간지럽다고 긁고 있다면 머릿니가 생긴 것은 아닌지, 한번 확인해볼 필요가 있습니다.

머릿니는 머리에서 머리로 직접적인 접촉에 의해 감염됩니다. 아이들의 경우 서로 머리카락을 만지거나 머리를 맞대는 등 직접적인 접촉을 하다가 머릿니가 옮겨가는 경우가 대부분입니다. 그래서 주로 어린이집을 비롯한 단체 생활을 하는 아이들 사이에서 서로 옮길 가능성이 높습니다.

수영장도 주요 감염 경로 중 하나입니다. 머릿니는 물속에서 살지 않고 점프하거나 날아다니지도 못하는 특성을 가졌지만 아이들이 놀다 수영모 벗는 과정에서 전염되기도 합니다. 수영장은 사물함을 같이 쓰기에 머릿니에 감염된 아이의 사물함에 다른 학생이 옷을 넣으면 머릿니가 옮을 수 있습니다.

2) 머릿니 감염과 치료, 어떻게 해야 할까?

머릿니에 감염되면 가족뿐 아니라 주변 사람들에게 전염시킬 수 있기에 빠른 치료가 필요합니다. 이때 머릿니는 물론 머릿니의 알인 서캐까지 완벽하게 제거되어야 재발 위험을 줄일 수 있습니다.

머릿니를 퇴치하기 위한 가장 좋은 방법은 전문 의약품이나 샴푸를 사용하는 것입니다. 과거에는 머릿니 제거를 위해 DDT(다이클로로디페닐트리클로로에탄Dichloro-diphenyl-trichloroethane) 같은 독성이 강한 살충제를 사용한 적이 있습니다. 하지만 현재는 인체 독성 문제로 사용되지 않습니다. 머릿니가 발생하면 전문의를 찾아 약을 처방받거나, 약품 처리된 샴푸나 크림 등을 사용하면 어렵지 않게 제거할 수 있습니다. 또한 처방전 없이도 약국에서 전용 샴푸를 구입할 수 있습니다.

샴푸를 이용할 때는 사용 설명서를 먼저 잘 읽어보기를 권합니다. 1주 혹은 10일 간격으로 총 2회 사용하며 건조한 모발에 직접 발라서 두피와 머리카락이 충분히 젖도록 마사지 후 헹구어주면 됩니다. 이후 머리에 남아 있을 죽은 머릿니와 서캐는 참빗으로 제거하면 됩니다. 참빗은 샴푸를 사면 동봉되어 있습니다. 일반 빗으로는 잘 제거되지 않으니 머릿니 샴푸에 들어있는 촘촘한 참빗을 사용해 빗어줍니다. 머릿니는 감염성이 강하므로 아이가 감염되었다면 가족도 함께 치료받도록 합니다.

또한 머릿니 감염자가 사용한 침구류는 소독합니다. 뜨거운 물로 세탁 후 햇빛에 말리면 더욱 좋습니다. 머릿니 감염자가 사용한 침구류와 수건, 옷장 등에 머릿니가 48시간까지 살아남아 있을 수 있습니다. 감염자가 사용한 빗이나 모자, 머리띠 등도 세탁합니다. 머릿니가 재발하지 않도록 옷은 매일 갈아입고, 당분간 침구류도 일주일에 한 번은 세탁해주세요. 머릿니가 발생하지 않도록 예방하는 것이 가장 좋지만 친구끼리 머리 맞대고 노는 아이들을 말릴 수는 없으니 정기적으로 참빗 등의 촘촘한 빗을 활용해 머릿속을 살펴봅니다.

8

목숨을 노리는 야생 진드기 위생

날씨가 좋으면 산으로 들로 나들이를 떠나 모처럼 풀밭에서 자리를 깔고 여유를 즐기려는 이들에게 이때다 싶게 등장한 불청객이 있습니다. 크기는 작지만 무서운 해충, 바로 야생 진드기입니다.

진드기 활동이 증가하는 봄철은 야생 진드기를 가장 조심해야 합니다. 특히 면역력 낮은 유아나 어린이에게는 더욱 위험할 수 있습니다. '산에 가지 않으면 상관없겠지' 하고 생각할 수 있지만, 집 근처 가까운 공원 산책로와 도심 공원도 절대 안심할 수 없습니다. 또한 반려동물과 산책한 후 반려동물을 매개로 사람에게 2차 감염되는 사례도 있습니다. 따라서 장소에 상관없이 아이와 외출할 때에는 각별한 주의가 필요합니다.

1) 진드기, 도대체 어떤 녀석인가요?

진드기는 종류가 아주 많습니다. 그중 우리 주변에서 자주 발견되는 것은 집먼지진드기, 작은소참진드기, 털진드기 3가지입니다. 이 셋 중 야외에 서식하며 인간에게 질병을 매개하는 진드기는 살인 진드기라는 이름으로 잘 알려진 작은소참진드기와 털진드기입니다.

작은소참진드기에 물리면 중증 열성 혈소판 감소 증후군SFTS에, 털진드기에 물리면 쓰쓰가무시병이라는 질병에 감염됩니다. 두 종류의 공통점은 산이나 풀잎, 잔디 등에 숨어 있는 야생 진드기 바이러스에 감염되어 발열, 두통, 근육통을 유발한다는 점입니다. 진드기에 물린다고 모두 이 질병에 감염되는 것은 아니고 이러한 바이러스에 감염된 진드기인 경우에만 사람도 감염됩니다.

진드기는 한번 숙주에 달라붙으면 강력 접착제로 붙인 것처럼 잘 발달된 입을 숙주의 피부에 깊숙이 박고 오랫동안 피를 흡입합니다. 이 흡혈 과정에서 알 수 없는 병원균을 옮기거나, 중증 열성 혈소판 감소 증후군SFTS이라는 아주 무서운 병에 걸리게 합니다.

2) 살인 진드기라 불리는 작은소참진드기

살인 진드기라 불리는 작은소참진드기는 국내 전역에 서식하며 봄에서 가을철까지 활동합니다. 따라서 야외 활동이 잦아지는 5~8월 사이에 집중적으로 피해가 발생합니다. SFTS 바이러스를 보유한 작은소참진드기가 사람을 물면, 바이러스가 혈액으로 들어가 우리 몸 안에 증식합니다. SFTS에 감염되면 고열과 구토, 설사 등 감기와 비슷한 증상을 보이며 심할 경우 사망에 이를 수 있습니다. 그뿐만 아니라 치사율은 10~30%임에도 치료제 및 백신이 없어, 사전 예방이 아주 중요한 질병입니다.

SFTS는 1~2주 정도의 잠복기가 있어 야외 활동 후 당장은 괜찮아도 뒤늦게 증상이 나타날 수 있습니다. 2주 이내 감기처럼 오한이나 발열이 날 수도 있고, 구토는 물론 근육통, 복통, 발진 등 다양한 증상이 나타납니다. 면역력이 낮은 아이들과 숲이나 덤불, 풀숲 등으로 나들이를 다녀왔다면 2주 정도는 주의 깊게 몸 상태를 살펴보시는 것이 좋습니다.

물론 작은소참진드기에 물린다고 다 SFTS에 걸리는 것은 아닙니다. 질병관리청 발표에 의하면 작은소참진드기 100마리 중 99마리는 SFTS 바이러스를 가지고 있지 않기에 물린다고 해도 감염될 확률이 낮습니다. 더욱이 바이러스 보유량이나 개인의 면역 상태에 따라 감염 확률은 더 낮아지기 때문에 진드기에 물린다고 모두 감염되는 것은 아닙니다.

그런가 하면 살인 진드기는 동물과 사람 피를 흡혈하는 특성이 있기 때문에 아이들뿐 아니라 반려동물에게도 위험할 수 있습니다. 보건환경연구원에서 산책로와 공원 10곳을 대상으로 표본 조사를 한 결과 10곳 모두 야생 진드기의 서식 확인은 물론 반려동물에서도 야생 진드기가 채집되었다고 합니다. 반려견의 경우 사람보다 신장이 작기 때문에 풀숲에 닿는 면적이 넓습니다. 산책 후에는 진드기에 물리지는 않았는지, 털에 붙어 온 진드기는 없는지 꼼꼼히 살펴줍니다.

3) 봄·가을철에 주의해야 할 털진드기 위생

털진드기의 성장 단계는 알에서 다리가 3쌍인 유충과 다리가 4쌍인 자충 그리고 성충으로 4단계의 생활사를 거치며 오직 유충 시기에만 포유류에 기생하며 피를 빨고 자랍니다. 털진드기 유충이 사람을 물게 되면 쓰쓰가무시병에 감염될 수 있는데, 구체적인 감염 경로를 보면 쓰쓰가무시tsutsugamushi라는 균이 털진드기에 침투하면 털진드기가 이 균을 가진 유충을 만드는 것입니다.

누구나 한 번쯤은 들어본 적 있을 정도로 오랜 시간 우리를 괴롭힌 쓰쓰가무시병은 매년 1만 명 이상 환자가 발생하고 있습니다. 여름철에 산란한 털진드기 알이 초가을부터 본격적으로 부화해 유충이 활동하는 시기인 가을(9~11월)에 감염될 확률이 높습니다.

국내 쓰쓰가무시병은 6.25 전쟁 중 임진강에 주둔한 유엔군 소속 병사에게서 처음 발생한 뒤 야생 등줄쥐에서 기생하는 대잎털진드기를 거쳐 제주, 경기도 파주와 강원도 철원에서는 활순털진드기, 사륙털진드기 순으로 확인되어 다양한 종이 한국에서 서식하는 것이 알려졌습니다. 또한 계절적 발생 분포 양상이 일반적으로는 9월 하순에 보고되기 시작해

11월에 최고조에 달하지만 최근 남부와 제주 지역으로 갈수록 12월까지 늦춰지는 경향을 보이는데 이는 지구온난화의 영향으로 평균 온도가 높아지면서 일어난 현상입니다.

털진드기에 물리면 일주일에서 보름 정도 잠복기를 거쳐 증상이 발생합니다. 주로 오한, 고열, 상처, 근육통, 발진, 상처 등 감기와 유사한 증상이 나타납니다. 또한 가슴, 배 등에 피부 발진이 나타나기 시작해 전신으로 번지고, 피부에 검은 딱지가 생깁니다. 심한 경우 뇌수막염이 생기거나 난청, 이명이 오는 등 귀 건강에도 치명적일 수 있는 무서운 병입니다.

그러니 야외 활동 후 급작스러운 고열, 오한, 근육통 등의 증상이 나타난다면 되도록 병원을 방문합니다. 사망률은 지역, 나이, 면역 상태에 따라 1~60% 정도로 매우 다양하기 때문에 더욱 조심해야 합니다. 다행히 쓰쓰가무시병은 테트라사이클린, 독시사이클린 등의 항생제를 투약하면(대증 요법) 증상이 호전될 수 있습니다.

4) 살인 진드기에 물리지 않으려면 어떻게 해야 할까요?

살인 진드기와 털진드기의 크기는 매우 작지만 우리에게 미치는 영향은 큽니다. 안타깝게도 이 진드기를 매개로 하는 감염병에 대해서는 아직 치료제나 백신이 없어 물리지 않는 것이 최선의 예방입니다.

그러니 야외 활동 시 진드기가 많이 서식하는 풀숲이나 덤불, 야산 등에는 되도록 들어가지 않는 것이 좋습니다. 하지만 야외에서 풀이나 잔디를 아예 밟지 않을 수는 없기에 진드기로부터 스스로를 안전하게 보호하는 방법을 알려드립니다.

피부와 직접 닿지 않게 주의하기

진드기는 잔디의 잎끝에서 '만세' 자세로 숙주가 지나가기만을 기다리고 있다가 접촉하는 순간 갈고리 구조의 다리를 이용해 숙주에 달라붙습니다. 이후 흡혈하기 적절한 장소를 찾아 이동합니다. 진드기를 피하는 가장 좋은 방법은 잔디에 피부가 직접 닿지 않게 하는 것입니다. 부득이하게 풀숲에 들어가야 할 때는 긴 소매와 긴 바지 등을 착용하고 바지를 양말 속으로 넣는 등 피부가 노출되는 면적을 최소화하고 풀밭에 옷을 벗어두는 일은 피해야 합니다.

잔디나 풀이 아니더라도 산에서 맨발로 걷거나 휴식을 취할 때도 진드기에 노출될 수 있습니다. 야외 활동을 마치고 돌아갈 땐 머리카락, 귀 주변, 팔 아래, 허리, 무릎 뒤, 다리 사이 등 진드기가 붙어 있지는 않은지 꼼꼼히 확인하시기 바랍니다.

돗자리 사용하기

야외 활동 시 무심코 풀밭에 앉거나 눕는 행동은 진드기 감염으로 이어지는 지름길입니다. 잔디에 앉을 때는 반드시 돗자리 등을 깔아 진드기와 접촉을 최대한 막아야 합니다. 또한 돗자리 사용 후 관리도 중요합니다. 간혹 돗자리에 진드기가 붙어 집에 들어올 수 있습니다. 국립보건연구원에 따르면 참진드기에 노출된 536건의 사례 중 집 안에서 접촉한 경우도 20여 건으로 적지 않았습니다. 그러니 돗자리 사용 후에는 반드시 털어 보관해주세요.

진드기 기피제 사용하기

돗자리 사용만으로 불안하다면 외출 전 진드기 기피제를 뿌려 예방해주세요. 우리가 진드기를 피할 수 없다면 진드기가 우리를 피하게 만들어야 합니다. 야외 활동 전, 진드기 유충이 아이의 몸에 붙지 않도록 피부가 노출되는 부위나 신발, 옷 등에 진드기 기피제를 뿌려 사전에 차단해줍니다.◆ 대부분의 진드기 기피제는 진드기 기피뿐 아니라 모기 및 각종 해충의 기피 효과를 함께 가지고 있으니 부수적으로 건강한 야외 활동에 도움을 줄 수 있습니다.

진드기 기피제를 구매할 때 가장 중요한 포인트는 성분 체크입니다. 대표적인 기피제 성분으로 IR3535, 디에칠톨루아미드[DEET], 이카리딘이 있습니다. IR3535 성분은 앞서 말했듯 피부 저자극성 및 안전성 측면에서 우수해 사용 연령 제한이 없어 유아에게 사용하기 좋은 성분입니다. 이에 비해 디에칠톨루아미드 10% 초과 제품은 12세 미만에게 사용할 수 없습니다. 이카리딘은 디에칠톨루아미드에 비해서는 안전하나 WHO 독성 분류 기준 III 등급으로 6개월 이하 영유아에게 사용할 수 없습니다.

◆ 차단 유지 시간은 제품마다 상이하나, 기피 가능 시간은 대략 2~4시간이다.

야외 활동 후 반드시 샤워하기

야외 활동 후 반드시 샤워를 합니다. 머리카락, 귀 주변, 겨드랑이, 무릎 뒤, 발가락, 손가락 사이 등에 진드기가 있을 수 있으니 꼼꼼하게 씻고 진드기에 물리지 않았는지 확인합니다. 만약 야외 활동 후 기침, 발열 등의 증상이 나타난다면 지체하지 말고 병원을 찾도록 합니다.

반려동물과 산책 후 꼼꼼히 살펴보기

반려동물도 진드기에 노출되지 않도록 주의해주세요. 진드기는 동물과 사람을 가리지 않기 때문에 반려견도 위협을 받을 수 있습니다. 특히 긴 털을 가진 동물은 진드기가 쉽게 달라붙는 데다가 쉽게 발견하기 어렵습니다. 따라서 반려견과 산책 후에는 진드기에 물리지는 않았는지, 털에 붙어 온 진드기는 없는지 꼼꼼하게 확인해야 합니다. 진드기는 반려견의 건강에도 문제가 될 수 있지만 반려견을 통해 사람에게 옮길 수도 있습니다. 반려동물도 사람과 마찬가지로 진드기 기피제를 사용하면 진드기 기피 효과가 있습니다. 수의사의 조언에 따라 반려동물도 인체용 기피제를 사용할 수 있습니다. 다만 DEET 성분의 기피제는 동물 부작용이 보고되어 미국동물학대방지협회[ASPCA]에서는 사용하지 않도록 권고하고 있습니다.

질병을 일으키는 야생 진드기는 조심해야 합니다. 그중 치료약이나 백신이 아직 없는 살인 진드기는 우리 모두를 불안하게 만듭니다. 따라서 풀숲이나 잔디밭에서 야외 활동을 할 때 진드기에 물리지 않도록 각별한 주의가 필요합니다.

등산로 입구에서 볼 수 있는 기피제 분사함

코로나19를 거치면서 등산하는 인구가 늘었다고 합니다. 인구가 많아진 만큼 해충의 피해도 증가할 수 있습니다. 이를 막기 위해 동네 야산 등산로 입구에서 요즘 볼 수 있는 것이 '기피제 분사함'입니다. 살인 진드기의 피해가 매년 발생하는 상황에서 각 지자체 보건소는 시민의 안전을 위해 기피제 분사함을 각 등산로 입구에 설치하고 있고, 매년 분사함 설치 숫자는 증가하고 있습니다.

스테인리스로 된 사각의 기피제 분사함에는 앞서 설명한 IR3535, 디에칠톨루아미드, 이카리딘이 주성분인 기피제가 들어 있는데, 이 기피제를 자동 또는 수동으로 자기 몸에 분사하는 방식입니다. 노출된 피부나 발목, 신발 등 벌레가 달라붙기 쉬운 곳에 분사 후 등산한다면 해충에 대한 피해를 예방하는 데 도움이 됩니다.

9

우리를 놀라게 하는 돌발 해충 위생

지구 온난화로 인한 기후 변화로 국내 평균 온도가 상승하며 우리나라는 이제 고온다습한 아열대 기후에 들어서고 있습니다. 이에 따라 길었던 장마는 국지성 집중 호우로 바뀌고 춥지 않은 겨울과 폭우·폭염·한파· 태풍 등 여러 기후 문제가 발생하면서, 이러한 기후 변화에 맞춰 등장한 돌발 해충의 문제도 매년 사회적 이슈가 되고 있습니다.

돌발 해충이라고 이름을 붙였다고 해서 앞서 소개한 바퀴벌레, 개미, 쥐처럼 직접적인 피해와 보건상의 문제를 일으키진 않습니다. 다리가 길고 많아 보는 것만으로 소름이 돋는 생김새를 가진 그리마(돈벌레)나 모기처럼 생겨 모기로 종종 오인받지만 사실은 파리와 친척인 깔따구처럼 인체에 직접적인 피해를 주지 않는 곤충임에도 기이한 생태 때문에 일상생활 속 혐오 해충으로 불립니다.

매년 4월이면 등장하는 시끌벅적한 깔따구와 5월에 한강 변에서 사람들을 불편하게 하는 동양하루살이는 이제 돌발 해충이라고 부르기 민망할 정도로 매년 등장하는 벌레가 되었습니다. 2022년 6월에 대발생한 러브버그, 여름철에 전국 어디서나 발생하는 꽃매미 등의 비래(날개 달린) 해충, 습도가 높아지면 종종 집으로 들어와서 사람을 놀라게 하는 그리마, 지네, 노래기 같은 보행(기어다니는) 해충이 있습니다.

예전처럼 사계절이 분명하고, 급격한 도시화가 진행되기 전에는 생태계가 비교적 안정되어 계절적 제어와 천적 발생 등으로 어느 한 종이 대발생하는 일은 흔하지 않았습니다. 하지만 기후 변화와 도시화로 극한 환경 조건 속에서 계절적 제어가 느슨해지고 이에 따라 생태계 천적들의 생존이 어려워지며 돌발 해충의 대발생이 빈번하게 일어나고 있습니다.

갑자기 이러한 돌발 해충이 집으로 침입하거나 야외에서 마주치게 되었을 때는 막막하기만 합니다. 집 안으로 침입한 경우 서식을 할 수 없게 막아야 하지만, 우선은 눈 앞에 있는 벌레를 어떻게 처리할지가 고민입니다. 아직은 아쉽게도 대부분의 돌발 해충의 대발생에 대해서는 정식 허가된 살생물 제품이 없습니다.

오랜 기간 해충 및 바이러스를 연구해 온 팜클 기술연구소 자료에 의하면 혐오 해충 중 그리마, 집게벌레, 먼지다듬이벌레, 좀벌레, 쥐며느리, 쌀바구미, 화랑곡나방, 권연침벌, 권연벌레, 꼽등이 등이 실내에서 발견된다고 합니다. 붉은털진드기, 러브버그, 동양하루살이, 깔따구, 꽃매미,

노린재, 왕지네, 노래기 등은 주로 야외에서 서식하지만 집 주변 방충망, 전원주택 마당 등에서도 발견됩니다. 돌발 해충에 대응해서 가장 손쉽게 사용할 수 있는 것은 약국에서 쉽게 구할 수 있는 파리·모기용 또는 바퀴용 에어로졸 타입의 살충제입니다. 주로 사용하는 살충 성분은 디-페노트린, 프탈트린, 프랄, 고길라트 등입니다.

무스처럼 분사되는 거품형 에어로졸은 약제가 날리는 것을 방지하고 해충을 거품 안에 가둬 도망가지 못하고 살충될 수 있도록 개발한 약제입니다. 거품형은 일반 에어로졸에 비해 잔류 효력이 있어 기어다니는 해충의 유입로에 뿌리면 기피 또는 살충 효력을 얻을 수 있습니다. 에어로졸 타입의 살충제는 일반 생활 환경에 맞게 사용하도록 개발된 제품으로 살충 입자가 해충 몸통에 맞아 접촉 독성으로 죽게 만드는 약제입니다.

일상생활 환경에서 사용할 수 있는 돌발 해충 살충제는 아직까지 허가를 받은 제품이 없으므로 돌발 해충별로 효과를 볼 수 있는 약제들을 구분해 보았습니다. 제품도 다양하지만 벌레의 종류도 다양해서 제품과 벌레의 종류에 따라 얼마만큼 뿌려야 살충이 되는지 다를 수 있습니다. 크기가 작고 외피가 약한 것들은 파리·모기 에어로졸로 쉽게 처리할 수 있고, 단단하고 큰 해충들은 좀 더 강한 약제를 사용해야 합니다.

<돌발 혐오 해충별 적용 약제>

구분	돌발 혐오 해충	적용 약제
작고 외피가 약한 벌레	그리마, 먼지다듬이벌레, 좀벌레 , 쌀바구미, 권연침벌, 붉은털진드기, 화랑곡나방, 권연벌레, 깔따구	파리·모기 에어로졸 거품형 에어로졸*
중간 크기 벌레	집게벌레, 쥐며느리, 꼽등이, 노래기, 러브버그, 동양하루살이, 노린재	거품형 에어로졸* 바퀴벌레 에어로졸
크고 외피가 딱딱한 벌레	왕지네, 꽃매미	델타메트린, 직접 살포액제 또는 분제*

* 거품 에어로졸, 분제는 기어다니는 벌레에 사용

에어로졸 외에도 사용 가능한 약제는 2가지를 더 소개할 수 있습니다. 그중 하나는 희석하지 않고 분무해서 사용하는 액상형 제품입니다. 이 제품은 따로 살충제를 희석해 살포할 필요 없이 바로 사용할 수 있게 유효농도에 맞춰(살충이 확인된 저농도) 나온 소비자용 제품으로 접촉독과 잔류 살충력을 보입니다. 이 제품은 기어다니는 벌레에게 효과를 얻을 수 있지만 단단한 외피를 가지고 있는 벌레의 경우는 상대적으로 효과가 떨어질 수 있고, 에어로졸과 다르게 잠시 기절시켜서 이동하지 못하게 만드는 능력이 없어 충분한 양이 살포되기 전에 벌레가 이동할 수 있습니다. 그럼에도 일정량을 침입 경로에 뿌려두면 남아 있는 살충제 성분의 냄새로 벌레 기피 등의 부수적인 효력도 발휘 가능합니다.

배를 땅에 가깝게 대고 기어다니는 해충의 경우(그리마, 지네, 노래기) 대부분 습도가 높을 때 이동하기 때문에 잔류 분무나 분무의 효력이 많이 떨어집니다. 이때 고운 가루의 분제(가루형 살충제)를 습기가 있는 바닥면에 뿌려두면 해충이 이동할 때 배면 또는 기공으로 고운 가루 성분을 흡입하기 때문에 살충 효력이 직접적으로 발휘됩니다. 분제는 약제나 에어로졸에 비해 습기에 강해서 야외 처리 시에 효과적입니다.

1) 집에서 만나는 돌발 해충 위생

바퀴벌레만큼 빠른 그리마

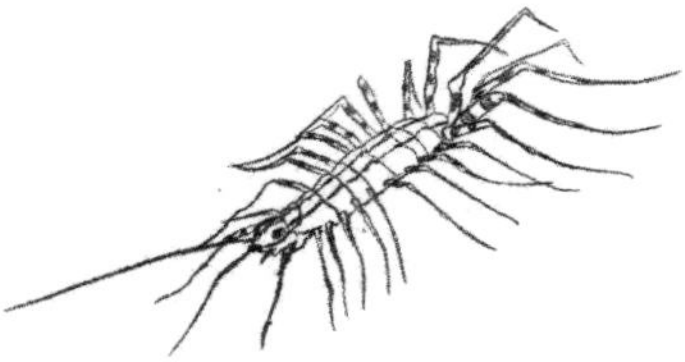

그리마는 그리맛과에 속하는 절지동물의 총칭으로 돈벌레라고 불립니다. 대체로 사람을 물지는 않으나 생김새와 움직임 등이 사람들의 혐오감을 유발합니다. 몸길이는 약 7cm로, 15쌍의 다리를 가지고 있으며 마지막 한 쌍은 몸길이의 거의 두 배입니다. 다리에는 밝고 어두운 줄무늬가 있고 몸은 황갈색을 띱니다. 몸통은 기다란 막대 모양으로 8개의 등판으로 덮여 있습니다. 그리마는 잘 발달된 더듬이와 겹눈으로 먹이를 감지합니다.

그리마는 봄과 가을에 걸쳐서 알을 낳습니다. 갓 부화한 유충은 다리가 4쌍이며 탈피할 때마다 몸마디와 다리의 수가 늘어납니다. 동작이 민첩하기로 유명한 그리마는 집 안에 서식하며 바퀴벌레만큼 빠르게 이동합니다. 그 비결은 몸이 짧고 다리가 몸 뒤쪽으로 갈수록 길어지는 데에 있는데 덕분에 빠르게 이동할 때 다리가 엉키지 않습니다. 재빠르게 잡으려 해도 공격을 받으면 다리를 떼어 버리고 달아나는데, 떨어진 부분은 다음 탈피할 때 다시 재생됩니다.

그리마는 작은 곤충을 잡아먹는데 특히 바퀴벌레의 천적으로 알려져 있습니다. 따라서 그리마가 집에서 자주 출현한다는 것은 집 안에 그리마의 먹이가 되는 곤충이 많다는 의미입니다. 습한 환경을 좋아하는 그리마는 여름철에 자주 집 안으로 유입되기에 집 안 습도를 낮게 유지하는 게 좋습니다. 그리마가 실내에 들어왔을 경우 물리적으로 잡으려고 하지 말고 멀리서 살충제를 살포해 주세요.

모성애를 가진 집게벌레

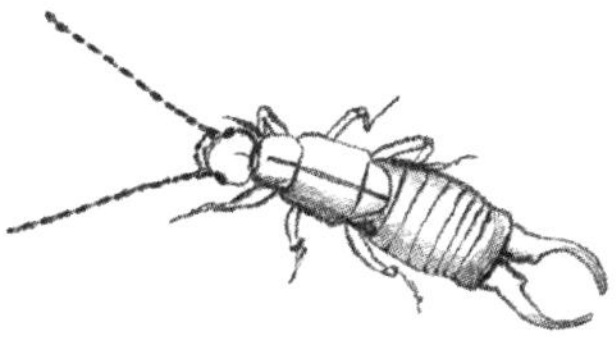

집게벌레는 말 그대로 배 끝에 집게 모양 꼬리가 있습니다. 2002년 약 1억 년 전 중생대 백악기에 살았던 집게벌레 화석이 발견되었을 정도로 집게벌레는 아주 오래전부터 지구에 살고 있는 곤충이지만 집에서 볼 때마다 혐오감을 느끼는 해충의 종류 중 하나입니다.

몸의 길이는 20~30mm이고, 몸의 폭은 4~5mm로 길고 평평합니다. 몸의 색은 적갈색, 암갈색, 황갈색이고 꼬리에 집게가 있어서 집게벌레로 불립니다. 집게벌레는 우리나라에 24종이 서식하는 것으로 파악됐는데 집게는 종마다 모양이 조금씩 다르지만 자신을 방어하는 무기로 사용합니다. 대부분의 곤충이 새끼를 보호하거나 기르는 일이 없는 것과는 다르게, 집게벌레는 교미가 끝나면 암컷이 흙 속에 굴을 판 뒤 알을 낳아 부화할 때까지 또는 새끼가 어느 정도 자랄 때까지 보호합니다. 매일 알을 닦아주거나 알맞은 온도를 찾아 알을 옮기기도 하고 새끼가 태어나면 먹이를 잡아다 주기도 하므로 모성애를 가진 곤충으로 유명합니다. 대부분 야행성이며 주로 습기가 많은 곳을 좋아하기에 집의 축축한 곳이나 낙엽, 나무껍질, 돌 밑에 서식하며 드물게는 바닷가의 물기 있는 흙 속에서도 볼 수 있습니다. 주된 먹이는 식물의 잎이나 다른 곤충 등으로 잡식성입니다.

집에서 발견되는 집게벌레는 대체로 사람에게 피해를 주지 않지만 간혹 물 수 있습니다. 크게 고통을 주지는 않지만 비위생적인 생활 조건에서 서식하기 때문에 물리지 않도록 주의하는 것이 좋습니다. 집 안에 축축한 곳이 없는지 확인하고, 유입될 만한 틈새는 꼼꼼히 막고 집을 깨끗하게 청소해 집게벌레가 들어오지 못하게 합니다. 서식이 의심되는 공간에는 거품형의 에어로졸을 살포해 미리 예방하고, 집게벌레가 실내에 침입했을 경우, 일반 에어로졸을 살포하면 퇴치할 수 있습니다.

한번 증식하면 퇴치하기 어려운 먼지다듬이벌레

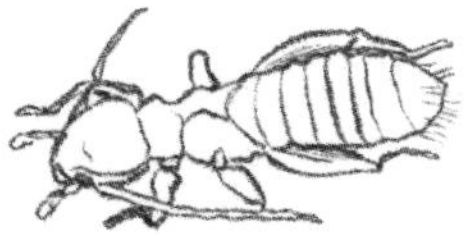

2013년에 일명 책벌레라고 불리는 먼지다듬이벌레가 신축 아파트에 대량으로 번식하는 것이 확인되어 돌발 해충으로 이슈가 된 적이 있습니다. 먼지다듬이벌레는 몸길이 6mm 미만으로 크기가 매우 작

으며 몸은 연약하고 뚱뚱한 편입니다. 먼지다듬이벌레는 암수 구별이 없으며 번식기가 되면 60개의 알을 산란하는데, 약 3개월간 알에서 성충까지 번데기 과정 없이 성장합니다. 곰팡이, 꽃가루, 곤충 사체, 기타 식물성 유기물을 섭취하며 증식이 가능해 한번 증식하면 퇴치하기가 어렵습니다.

지하실, 창고, 서재 등 다양한 장소에서 발생할 수 있으며, 주로 실내에서 발생하는 종이기 때문에 연중 내내 발생할 수 있습니다. 직접적인 해를 주지 않기 때문에 해충으로 분류되지 않지만 번식력이 좋아 개체 수가 급격하게 늘어나면 불쾌감과 혐오감을 일으키며 간혹 알레르기나 아토피 환자에게 영향을 미쳐 증세를 악화시킬 수 있다고 알려져 있습니다. 먼지다듬이벌레는 고온다습한 환경을 좋아하므로 실내 온도는 18~22℃, 습도는 30% 이하로 유지하고 자주 환기를 해주는 것이 중요합니다.

서식을 방지하기 위해서는 음식물은 잘 밀폐하고 즉시 치워야 하며 자주 청소하고, 곰팡이를 없애는 항곰팡이제를 뿌려 먼지다듬이벌레가 나오지 않는 위생 환경을 유지해주세요. 실내에서 발견했다면 가정용 살충제 등을 이용해 퇴치합니다.

옷장의 무법자 좀벌레

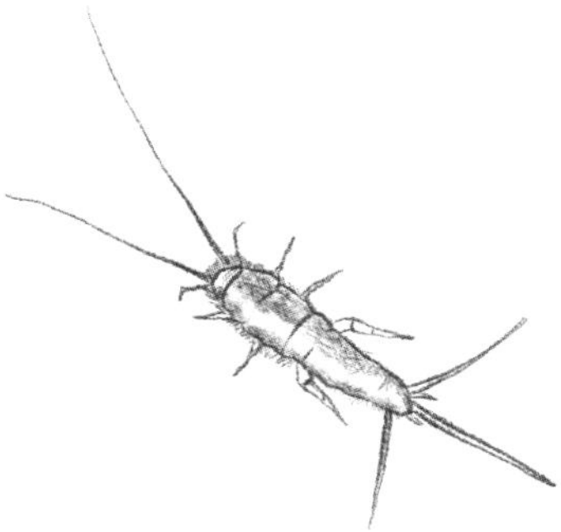

옷에 구멍이 보이면 예전에는 '좀먹었다'는 표현을 썼는데 요즈음은 좀벌레가 각종 방충제, 살충제 사용으로 흔히

볼 수 없는 벌레가 되었습니다. 하지만 장마 등으로 습도가 80% 이상 지속되는 날씨에는 세균, 곰팡이의 증식뿐 아니라 옷장 속에 좀벌레가 서식할 수 있습니다.

좀벌레는 몸길이 11~13mm의 납작한 모양의 몸을 가진 작은 해충입니다. 가슴은 크지만 배는 뒤로 갈수록 점점 가늘어지는 유선형으로, 등은 약간 광택이 나는 은회색 비늘로 덮여 있고, 배는 은백색의 비늘로 덮여 있습니다. 가장 눈에 띄는 더듬이와 꼬리는 모두 몸길이보다 깁니다. 우리나라에는 좀벌레, 작은좀벌레, 서양좀벌레 3종이 보고되어 있는데 주로 싱크대, 옷장, 침대 밑 등 습기가 많은 곳에서 활동하며 고온다습한 환경을 좋아해 날씨가 따듯해지는 봄부터 발견됩니다.

방제를 위한 제품으로는 환경부의 「안전확인대상 생활화학 제품 지정 및 안전·표시기준」에 따르면 시트로넬라 오일, 겨자씨 오일 등 천연 성분을 주요 효력 물질로 사용한 제품이 있으며, 살충제로는 트란스플루트린transfluthrin, 파이리스럼pyrethrum을 주요 효력 물질로 사용한 제품이 있습니다.

원예 식물 침범자 쥐며느리

평지의 낙엽이나 돌 밑, 쓰레기 더미 등 습한 곳에 무리 지어 다니는 쥐며느리는 10~11mm의 몸으로 납작하고 길쭉한 타원 모양입니다. 공벌레와 비슷하게 생

졌지만 공벌레와 달리 몸을 건드려도 공 모양으로 움츠리지 않습니다. 몸빛깔은 회갈색 또는 어두운 갈색이고 연한 노란 점무늬가 군데군데 있습니다. 암컷은 액체가 차 있는 알주머니 속에 알을 낳으며, 알은 이 알주머니 속에서 어린 개체로 발달한다고 합니다. 썩기 시작한 나무에서 나온 물질을 먹으며 특별히 사람에게 해를 입히지는 않지만 생김새로 인해 혐오 해충으로 분류됩니다. 개체 수가 늘어나면 땅과 가까운 식물의 뿌리나 줄기를 갉아먹어 원예 식물에 직접 피해를 주기도 합니다.

보통 집이 습하면 들어오기 때문에 실내 습도를 낮게 유지하며 쥐며느리가 들어올 만한 틈은 없는지 꼼꼼히 확인하고 쥐며느리가 실내에 침입했을 경우, 서식처를 점검하고 서식처가 되는 장소에 가정용 살충제를 살포합니다.

곡물을 먹고 자라는 작은 해충, 쌀바구미

쌀알이 부스러지고 그 안에 작은 곤충이 보인다면 쌀바구미일 확률이 높습니다. 쌀을 상온에 오래 두면 어김없이 나타나는 쌀바구미는 골칫거리 해충 중 하나입니다. 정부에서 차상위 계층에 나라미를 지원하는데 이 나라미에서 쌀바구미가 대량으로 나와 이슈가 된 적이 있습니다. 쌀바구미는 쌀뿐만 아니라 밀, 옥수수 등 여러 작물에 피해를 줍니다.

쌀바구미 성충은 일반적으로 길이가 3~4mm이며 주둥이가 깁니다.

몸의 색은 갈색 또는 검은색으로 보이지만 자세히 보면 날개 덮개에 4개의 주황색 반점이 십자 모양으로 배열되어 있습니다. 쌀바구미는 날 수 있으며 최장 2년까지 살 수 있는데 암컷은 하루에 2~6개의 알을 낳으며 평생 최다 300개의 알을 낳습니다. 암컷은 강한 턱을 사용해 곡물 알갱이에 구멍을 만들어 그 안에 하나의 알을 낳고 분비물로 봉합니다. 유충은 곡물 내부에서 자라며 곡물 내에서 번데기가 되고 며칠 뒤에 곡물 밖으로 나옵니다. 알곡 안에서 자라는 애벌레의 호흡은 곡물을 부패시킵니다.

쌀알 속에 있는 애벌레는 방제하기 어렵기 때문에 쌀바구미가 생기기 전에 곡물을 잘 관리해야 합니다. 곡물을 -17.7℃에서 3일간 보관하거나, 60℃ 이상에서 15분간 가열하여 혹시나 있을 쌀바구미를 살충하고 쌀바구미가 있는 곡물의 경우 가벼워 물에 뜨기 때문에 곡물을 물에 씻으면서 뜨는 곡물은 바로 버려주세요. 쌀 보관 용기 밖으로 나온 쌀바구미는 일반 에어로졸로 퇴치가 가능하고, 계속해서 기어 나온다면 주위에 거품형 에어로졸로 처리하면 며칠간 살충 효과를 얻을 수 있습니다.

쌀은 물론 식물성 식품을 먹고 자라는 화랑곡나방

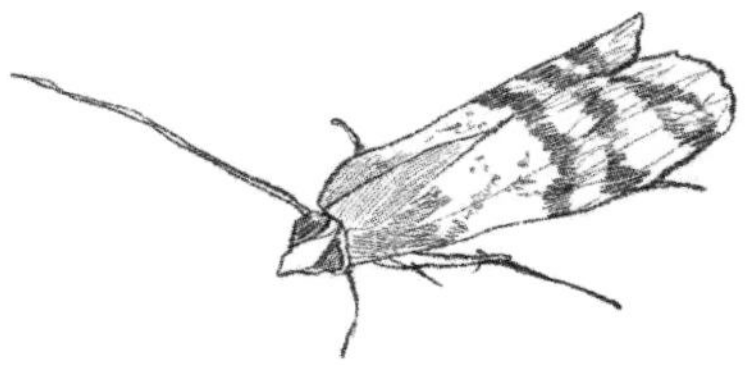

화랑곡나방은 매년 9월부터 피해가 나타나기 시작해 11월 사이에 쌀에 피해를 주는 해충입니다. 쌀바구미와 함께 쌀벌레라고 불리는 해충이기도 합니다.

화랑곡나방 성충은 길이가 약 10mm이고, 날개를 편 길이가 약 15mm이며, 몸 전체의 색깔은 일반적으로 황회색이지만 날개의 끝부분은 다갈색에 가깝습니다. 유충은 길이 또한 약 15mm 이고, 머리는 짙은 갈색이며 몸통은 연한 노란색을 띱니다. 화랑곡나방의 성충 수명은 평균 7일이고 이 기간에 암컷은 평균 200개의 알을 낳습니다. 화랑곡나방 성충은 어두운 곳을 좋아하고, 낮에는 쉬다가 오후 9~11시에 가장 활발하게 활동합니다.

화랑곡나방은 건조한 애완동물 사료(식물 기반), 시리얼, 수프 믹스, 빵, 파스타, 쌀, 밀가루, 향신료, 말린 과일 및 견과류를 포함한 많은 식물성 식품을 먹을 수 있어 방제가 까다롭습니다. 화랑곡나방이 없다고 판단되는 식품은 플라스틱이나 유리 용기 등에 넣어 밀폐해주세요. 이미 화랑곡나방이 집 안에서 발견된 경우라면 화랑곡나방이 있다고 판단되는 식품을 냉동실에 얼려둡니다. 곡물뿐만 아니라 의복에 숨어 번식하고 번데기가 될 수 있으므로 의복 역시 확인해야 합니다. 상당히 방제하기 힘든 해충으로 계속해서 확인하는 것이 좋습니다. 날아다니는 화랑곡나방은 가정용 살충제로 퇴치할 수 있지만 주로 곡물에서 나타나기 때문에 조심해서 사용해야 합니다.

밀봉한 비닐봉지도 뚫어 번식하는 권연벌레

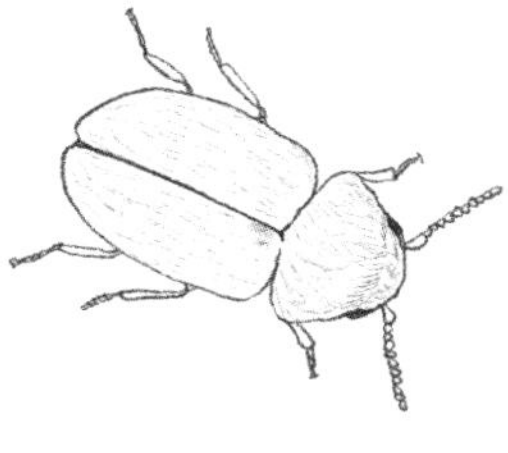

조그맣고 동글동글한 권연벌레는 생긴 모습과 다르게 방제하기 무척 어

려운 해충 중 하나입니다. 약 2~3mm의 적갈색을 띠는 권연벌레는 원통형으로 통통하게 휘어진 형태이며, 복부 쪽으로 굽은 모습이 특징입니다. 이름에서 알 수 있듯이 권연벌레는 담배에서 발생하는 해충으로 알려져 있지만 곡물류, 말린 과일, 한약재 등 식성이 광범위합니다.

온난한 기후의 서식처에 잘 적응해 6월과 9월에 가장 많이 등장하며 연간 출현 수는 2~3회 정도로 확인됩니다. 평균 산란 수는 대략 50~110개 정도이며 먹이에 직접 알을 낳습니다. 1~2주 후 알에서 부화된 유충은 먹이에 구멍을 내어 먹이 활동을 하고, 30~50일 후에 번데기가 됩니다. 최장 10일 후 성충이 되는데 성충의 경우 2~6주 동안 살 수 있습니다.

유충의 경우 섭식을 통해 피해를 유발하고 성충은 침입과 탈출 과정에서 포장된 상품에 구멍을 내고 사체, 배설물 등으로 오염시키며 간혹 사람을 물기도 합니다.

권연벌레는 퇴치하기 힘들기로 유명한데 이는 비닐봉지에 밀봉해 놔도 비닐을 뚫고 산란할 수 있기 때문입니다. 비닐뿐만 아니라 털옷, 비단 역시 갉아먹을 수 있어 한번 나타났다고 한다면 계속해서 확인하는 것이 좋습니다. 먼저 권연벌레가 없다고 판단되는 식품은 플라스틱이나 유리 용기 등에 밀폐해 보관하고, 권연벌레가 있다고 판단되는 식품은 냉동실에 얼려둡니다. 권연벌레는 살충제로 충분히 죽일 순 있지만 곡물에서 주로 나타나기 때문에 조심히 사용해야 합니다.

개미로 오인하는 해충, 권연침벌

권연벌레보다 더욱 두려운 것은 바로 권연침벌(권련침벌)인데 주로 권연벌레에 기생하는 기생벌의 일종입니다. 암컷은 몸길이 약 2mm, 수컷은 1.5mm이며 몸무게는 0.2mg이고 몸은 적갈색으로 광택이 있습니다. 개미와 비슷한 생김새로 침개미, 붉은불개미로 종종 오인됩니다.

2월에서 10월까지 활동하고 번식하며, 한 해에 4~5회 발생하는데 수컷의 수명은 10여 일에 불과하지만 암컷은 2~6개월 동안 생존하며 한 번에 100여 개의 알을 산란합니다. 알은 산란한 지 24시간 안에 부화하고, 온도가 실온에 해당하는 25°C일 때 애벌레 기간은 4~5일, 번데기 기간은 10~12일, 합쳐서 부화 22~25일 뒤에 우화합니다. 암컷은 권연벌레, 인삼벌레뿐만 아니라 다양한 해충의 유충에 산란하며, 알이 부화하면 숙주의 몸을 먹고 자라기에 익충일 수도 있지만 암컷이 독침으로 사람의 피부를 찌를 경우 통증과 부종, 가려움을 일으키기 때문에 해충으로 간주합니다. 권연침벌은 숙주를 따라 집 안으로 들어오기 때문에 먼저 숙주인 권연벌레 혹 인삼벌레 등을 먼저 제거해야만 합니다. 그러고 나서 눈에 보이는 권연침벌은 살충제를 이용해 제거해 주세요.

귀뚜라미처럼 보이는 해충, 꼽등이

2010년 강원도 한 아파트에서 한밤중에 수천 마리가 출몰해 주민들을 공포로 몰아넣으며 그 한 해 동안 유행 아닌 유행이 된 꼽등이는 본래 질병을 옮기거나 작물에 피해를 주지 않아 해충으로 분류되지 않았으나 징그러운 외양과 몸 안에 연가시(기생 생물)가 들어 있어 많은 이들이 기피하면서 당당하게 해충 반열에 들어섰습니다. 전체적인 몸의 색은 연한 갈색을 띠는데 몸의 등 부분이 크게 휘어 있어 꼽등이라는 이름이 붙었는데 여치아목에 속하나 소리를 내는 음향기관은 물론 소리를 들을 수 있는 청각 기관도 없습니다. 성숙한 정도에 따라 몸집의 크기에 차이가 있으나 다 자란 성체의 몸길이는 15~25mm 정도가 됩니다.

어둡고 온도 차가 크지 않은 습한 곳에서 생활하면서 연중 발생하기 때문에 약충과 성충을 항상 볼 수 있습니다. 성충은 부식질의 표면 바로 아래에 지름 1mm 정도 크기의 알을 낳으며, 알에서 깬 약충은 성충과 같은 모습입니다. 대부분의 꼽등이는 부식질이나 썩은 사체 등을 먹으며 주로 밤에 활동하는 야행성입니다. 습하고 따뜻한 환경을 좋아하므로 주로 화장실이나 하수구, 보일러실 창고 등에서 발견되는데 실내 습도를 낮게 유지하고 자주 청소해 서식지를 차단하고, 거품형 에어로졸을 살포해 예방할 수 있습니다. 실내에 꼽등이가 들어왔을 경우 일반 에어로졸을 살포하면 퇴치할 수 있습니다.

2) 야외에서 만날 수 있는 해충

꽃가루나 시멘트 가루를 먹는 붉은털진드기

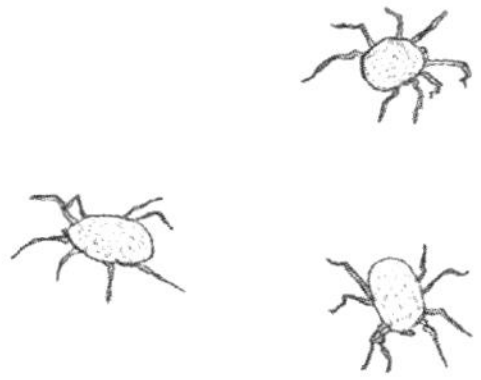

1mm 작은 크기로 온몸이 붉은색에 잔잔한 털이 있는 붉은털진드기는 '다카라다니Takaradani'라는 이름을 가지고 있습니다. 주로 일본 해안가에서 서식하다 최근 한국으로 들어와 전국 곳곳에서 볼 수 있습니다. 일반적으로 콘크리트와 돌 표면, 특히 건조하고 따뜻한 날에 먹이를 찾아 돌아다니는 모습을 많이 볼 수 있습니다.

주로 나무껍질이나 돌 틈 사이에 은신처 또는 먹이 군집을 형성하는데 5~10마리가 무리를 지어 생활합니다. 먹이는 주로 꽃가루이며 시멘트 가루, 작은 유기물 등을 섭취할 수 있습니다. 따라서 꽃가루가 날리는 봄에 개체 수가 폭발적으로 증가하는 것으로 추측되며 초여름에는 거의 모습을 보이지 않습니다. 특별히 사람에게 해를 주지 않지만 생김새가 털진드기와 유사하고 몸의 색이 빨간색이어서 혐오 해충으로 분류됩니다.

방제 방법은 아직 알려진 사례가 없으나 물을 뿌리거나 잔류성이 있는 살충제를 뿌려두면 일시적 퇴치가 가능합니다. 번식력이 뛰어나기 때문에 주위에서 보인다면 주기적으로 살충제를 살포해 살충과 예방을 해야 합니다.

이름은 러브버그지만 혐오 해충, 러브버그(사랑벌레)

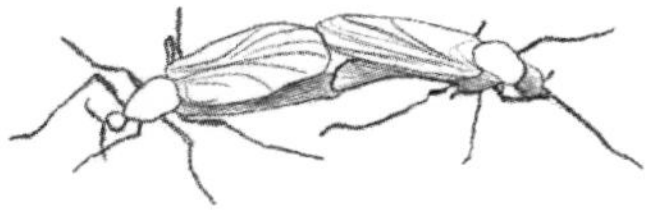

사랑벌레로 알려진 러브버그는 왕성한 짝짓기로 인해 붙여진 별칭이고 생태 분류로는 털파리(학명: *Plecia nearctica*)입니다. 2022년 서울시 은평구, 서대문구 등 산과 인접한 곳에서 대량으로 목격되었습니다. 건조한 기후에 성충이 되지 못하는 러브버그 유충이 가뭄으로 인해 성체 탈피를 못 하고 있다가 강수량이 갑자기 많아진 6월에 한꺼번에 탈피하면서 성충의 개체 수가 늘어나 생긴 현상으로 추정하고 있습니다.

몸 대부분은 검은색을 띠고 있으며 흉부 상단은 주황색 또는 빨간색을 하고 있습니다. 러브버그는 '알 → 애벌레 → 번데기 → 성충'의 과정을 거치는데, 산간 지역에서 애벌레 상태로 살다가 여름 장마철처럼 기온과 습도가 높아지면 성충으로 진화합니다. 반면 건조한 날씨에는 취약해 자연 사멸하기도 합니다. 성충이 된 러브버그는 번식을 위해 교미를 준비하는데, 수컷이 먼저 날아와 암컷이 나타날 때까지 주위를 맴도는 특징이 있습니다. 러브버그의 수컷과 암컷은 180도 각도로 붙어 교미를 하며, 이는 약 3~4일간 이어집니다. 수컷은 교미한 뒤 암컷이 완전히 수정될 때까지 짝을 이룬 상태를 유지하는데, 이 모습을 보고 '러브버그'라는 별명이 지어졌습니다. 이 짝짓기가 끝나면 수컷은 보통 바로 죽고 암컷은 산속 등 습한 지역에 100~350개의 알을 낳은 뒤 생을 마감합니다. 러브버그는 독성도 없고 인간을 물지도 않으며 질병을 옮기지도 않지만, 특유의 생김새가 혐오감을 주는 데다 사람에게 날아드는 습성 탓에 불편함을 안기기도 합니다.

본래 러브버그는 미국에서 문제가 되는 해충으로 우리나라에 유입되지 않은 벌레입니다. 우리나라에서 발견된 종은 신종으로 알려졌으나 행동 양상이 미국의 러브버그와 유사하다고 합니다. 러브버그는 비행 후 담장이나 벽에서 휴식을 취하기 때문에 휴식 장소를 기준으로 잔류 효과가 있는 살충제를 살포한다면 붙어 있는 러브버그는 바로 퇴치되고, 나중에 휴식을 취하러 온 러브버그 역시 잔류 효과에 의해 살충될 수 있습니다.

물리적 방제가 필요한 혐오 해충, 동양하루살이

매년 5월에서 9월 사이 강변에 접해 있는 도시의 공원은 동양하루살이가 자주 출몰해 어려움을 겪고 있다고 합니다. 5월에서 6월만 되면 깔따구와 함께 전등에 몰려 있는 큰 해충이 동양하루살이입니다.

동양하루살이는 몸길이 10~20mm, 날개 길이 50mm로 대형 하루살이에 속합니다. '알 → 유충 → 아성충 → 성충' 단계를 거치는데 물 밖에서 생활하는 성충의 수명은 보통 1~2주로 짧지만, 물 생활을 하는 유충의 경우 수개월~수년에 이를 정도로 그 기간이 길고 성충의 수명은 2~3일입니다. 동양하루살이는 국내에서 연 1회 발생하는 것으로 알려져 있으며,

지역에 따라 연 2회 발생하기도 합니다. 동양하루살이는 인간에게 직접적인 피해를 주는 해충은 아니며 오히려 수질을 파악할 수 있는 지표종 등의 순기능을 한다고 알려져 있습니다. 그러나 불빛에 이끌려 밤에 가로등이 켜지면 하루살이가 대규모로 이끌려 짝짓기를 하는데 이러한 습성으로 혐오감을 유발합니다. 또한 밤사이 사체 더미가 가로등 주변에 쌓이며 악취를 풍기기에 인근 주거지나 상가가 피해를 보기도 합니다.

동양하루살이 역시 정부에서 방제하고 있지만 쉽사리 퇴치되지 않고 있습니다. 가정에서는 불빛을 통해 실내로 유입되므로 방충망 점검을 확실히 하고 살충제를 사용해 방제할 수는 있으나 대개 하천 변에 서식하기 때문에 방제가 어렵습니다. 따라서 빛에 유인되는 습성을 이용한 포충기를 사용해 방제하고 있습니다. 포충기는 물리적인 방제 기구로서 동양하루살이가 많이 발생하는 강변, 도심지 가로등 아래에 설치해 벌레들을 퇴치합니다.

물리적 방제 장비 : 포충기

공원을 산책하다 보면 가로등 밑에 빛을 내며 붙어 있는 포충기를 종종 볼 수 있습니다. 포충기는 여름철 가로등에 달려드는 날벌레를 퇴치하기 위한 물리적 방제 장비입니다. 이름 그대로 모기나 날벌레들을 유인해 물리적인 충격을 주어 살충하는 장비인데, 밝게 빛나는 유인등을 보고 날벌레가 유인등 가까이에 오게 되면 등 근처에서 강한 흡입 바람에 의해 해충이 빨려 들어가 돌아가는 팬의 타격에 의해 퇴치됩니다.

공원이나 강가 산책로 밑에 설치하는 포충기는 모기, 동양하루살이, 깔따구, 나방 등의 해충을 방제하며, 우리나라 전국에 3만여 대가 설치되어 있습니다.
가로등 밑에 설치되는 방제 장비는 가로등과 동일한 시간에 점등되어 빛으로 해충을 유인하게 되는데, 이는 대부분의 야행성 해충이 빛에 유인되는 특성을 이용해 포충을 하는 원리입니다. 유인등의 종류에는 밝은 빛을 내는 LED 유인등과 모기 같은 비래 해충이 유인이 잘 되는 365nm의 파장을 내는 자외선 LED 유인등이 있습니다. 장소의 특성과 해충의 발생 빈도에 따라 유인등을 적절하게 사용하면 됩니다.

포충기는 동양하루살이와 같이 일시적으로 대량 출몰하는 날벌레를 살충하고 관리하기에 적절한 방제 장비입니다. 공원 주변 또는 산책로 주변, 주택가 쪽에 날벌레의 출몰이 빈번하다면 해당 지역 보건소에 문의하시고, 장비 설치를 요청하면 설치가 가능합니다.

최근의 포충기는 통신망을 이용하여 각종 데이터를 수집하고, 장비를 실시간으로 모니터링할 수 있는 기능을 탑재하고 있는 제품이 있습니다. 기술이 발전함에 따라 다양하게 얻어지는 각종 정보를 이용하면 각 지역의 방제 활동에 도움이 될 수 있습니다.

모기와 유사한 해충, 깔따구

모기와 유사하게 생겨서 모기로 오해받는 깔따구는 흡혈을 할 수 없는 해충입니다. 대량으로 번식하기 쉽고, 유충의 색이 빨간색이라서 혐오스럽게 보이기도 합니다. 최근에는 수돗물 정수장에 산란하고 그 유충이 수돗물에서 발견되면서 사회적 이슈가 되었습니다.

깔따구는 전 세계적으로 1만 종이 넘는다고 알려져 있으며, 우리나라에는 330종이 살고 있는 것으로 보고되고 있습니다. 성충의 몸길이는 1~15mm로 다양하고, 외형은 모기와 매우 유사하지만, 모기와 다르게 입이 길게 발달하지 않았습니다.

깔따구는 완전 변태(알→유충→번데기→성충)를 하는 곤충으로 주변 환경 요인에 따라 발생 양태가 다소 다르지만, 2월부터 11월 말까지 출현하고 6월에서 7월 황혼 녘에 무리를 지어 날아다니는 모습을 자주 확인할 수 있습니다.

유충은 작은 실지렁이 모양으로 색은 녹색·흰색·붉은색이며, 진흙이나 연못 등의 물속 또는 썩어가는 식물체에서 서식합니다. 성충 깔따구는 매우 짧은 기간을 살며, 그들의 행동은 주로 생식과 관련 있고 우화한 곳으로부터 멀리 이동하지는 않습니다. 예전에는 깔따구 성충은 입이 퇴화해 섭식하지 않는다고 알려져 있었으나, 최근 들어 화밀·화분 등의 당 성분을 섭식하는 것이 확인되고 있습니다. 일반적으로 암컷이 수컷보다 더 오래 사는 것으로 알려져 있습니다.

주로 수질이 악화된 곳에서 유충이 부화해 무리를 지어 서식하기 때문에 수질 개선이 최우선입니다. 주광성으로 대부분 불빛을 통해 실내로 유입되므로 방충망을 확실히 점검하고 집 외부 또는 내부에 포충기를 설치해 퇴치할 수 있습니다.

울지 않는 농업 해충, 꽃매미

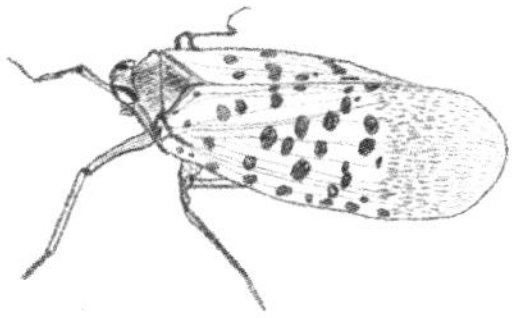

어느 날 갑자기 나타나기 시작한 꽃매미(주홍날개꽃매미)라는 예쁜 이름을 가진 이 매미는 일반 매미들과 다르게 울지는 않습니다. 중국얼룩날개매미로도 불리는 꽃매미는 중국에서 왔지만 사실 아주 옛날, 조선 시대부터 자료가 있을 정도로 이미 한국에서 서식하던 종입니다.

꽃매미 성충은 길이가 38~55mm이고 앞날개는 연한 갈색을 띱니다. 앞날개 2/3 되는 곳까지 검고 둥근 점무늬가 있고 끝부분은 검은색입니다. 유충은 검고 작은 뿔이 있으며 하얀 반점이 있고, 성장한 유충은 등에 붉은색 라인이 생깁니다. 연 1회 발생하며, 알로 겨울을 보내다 5월 상·중순에 부화해 7월 중순부터 성충이 되어 11월까지 활동합니다.

꽃매미는 산림에서 서식하며 농촌에 피해를 주고 있습니다. 유충과 성충은 포도, 배, 복숭아 등 나무의 즙액을 빨아서 성장을 저해하고 많은 양의 분비물 배설로 그을음병을 유발해 과실의 품질을 저하시키기도 하는 등 꽃매미는 생태계에 좋지 않은 영향을 주어 생태계 교란 동식물 12종에 포함되어 있습니다.

꽃매미는 농업 해충이기에 방제하는 약제가 따로 있지만 전문 약제이기에 일반인들은 구하기 어렵습니다. 야외에서 많이 발견된다면 가까운 보건소에 연락해 방제 요청을 하면 됩니다. 집 안에서 발생하는 해충은 아니기에 유입을 잘 막고 혹시 유입되었다면 시중에 판매하는 가정용 살충제를 써도 충분히 방제가 가능합니다.

고약한 냄새를 풍기는 노린재

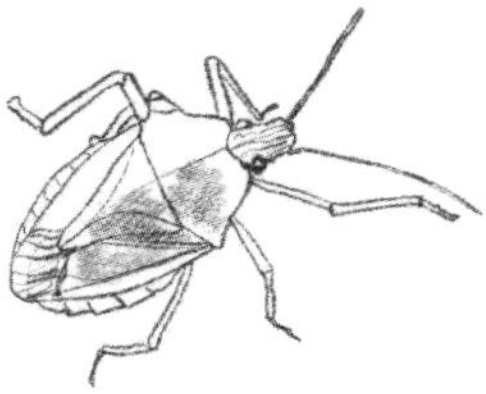

만지면 고약한 냄새를 풍기면서 적을 회피하는 일명 '방귀벌레'인 노린재는 2021년 현재 총 140여 과에 8만 3,000여 종이 분포하는 해충으로 지상 생활을 하는 것과 수서 생활을 하는 것이 있습니다.

몸의 크기는 가장 작은 1.1mm(얼룩깨알소금쟁이)에서 가장 큰 65mm(물장군)에 이르기까지 다양하며 몸의 모양도 편평한 판 모양인 것(넓적노린재), 긴 막대 모양인 것(실노린재·실소금쟁이), 그리고 날개가 변형·확대되어 특이한 모양을 한 것(방패벌레) 등 다양합니다. 몸의 색은 대부분 녹색이나 다갈색으로 보호색 구실을 하여 적으로부터 자신을 보호합니다. 머리는 일반적으로 넓고 삼각형에 가까운 것이 많으며 입은 먹이를 찔러서 빨아들이기에 알맞게 적응되어 있는데, 사람을 찌르는 종도 있습니다.

노린재 하면 떠오르는 고약한 냄새는 냄새샘이라는 곳에서 나오는데 약충에는 배의 등쪽에 있고, 성충에는 뒷가슴의 등쪽이나 양 옆면에 있습니다. 여기서 나오는 분비물은 액체 형태로 자신을 방어하는 데 이용되고, 종류에 따라 다른 냄새를 뿜습니다. 노린재 암컷은 교미가 끝나면 주로 식물의 잎이나 줄기에 알을 붙이는데, 그 밖에 흙이나 돌 틈에 산란하거나 물자라처럼 수컷의 등 위에 산란하기도 하기도 합니다. 대개는 식물즙액을 먹거나 다른 벌레의 피를 빨아 먹는 육식성도 있습니다. 노린재가 나타나는 작물마다 방제 방법이 다양하고 방제 시기도 다릅니다. 집에서 사는 종은 거의 없으며 대부분이 유입되는데 집 안으로 들어온 노린재는 가정용 살충제로 간단하게 퇴치할 수 있습니다.

위험한 신경독을 가진 왕지네

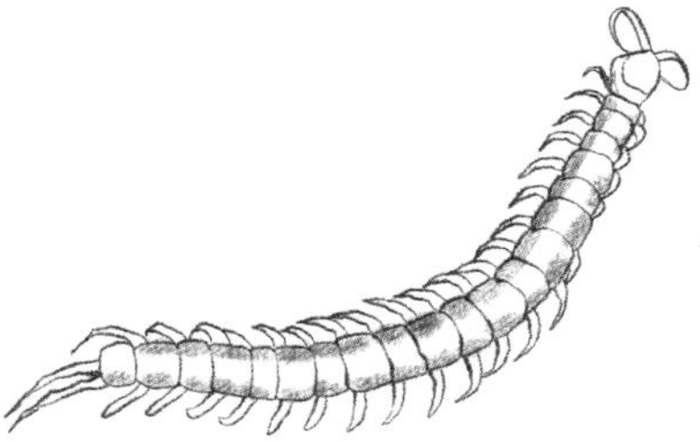

최근 코로나19 유행으로 해외여행이 금지되고, 집 안에서만 생활하다 보니 캠핑 인구가 많이 늘었다고 합니다. 캠핑 인구가 증가함에 따라 야외 활동이 빈번해진 만큼 벌레 물림 사고에 대해서도 경계해야 합니

다. 국립자연휴양림 2018년 자료에 의하면 최근 5년간 휴양림 내에서 43건의 사고가 발생했는데 이 중 3건이 지네 물림에 의한 사고였다고 합니다. 왕지네는 일상생활에서 접하기 어려운 곤충이지만 전원주택 생활을 하는 분들의 경우 종종 왕지네가 집 안으로 들어오기도 합니다. 야외 활동에서는 물론 집 안에 들어오는 지네가 없도록 조심해야 합니다.

우리나라에 서식하는 지네는 103종이고, 썩은 나무나 바위에 서식하는 땅지네류(몸길이 약 7cm), 농촌 집 주위에 서식하는 돌지네류(몸길이 약 4cm), 낙엽층이나 야산에서 서식하는 장수지네(청지네, 몸길이 약 7cm), 홍지네(몸길이 약 7cm), 해안 바위 등에서 서식하는 일본왕지네(몸길이 약 11cm), 야산과 농촌에 서식하고 우리나라에서 제일 큰 지네인 왕지네(몸길이 약 15cm) 등이 있습니다.

왕지네는 몸의 색이 흑녹색에 머리는 붉은색을 띠는 게 특징이며 몸은 수많은 마디로 이루어져 있고 마디마다 1쌍 또는 2쌍의 다리가 있습니다. 마지막 한 쌍의 다리는 다른 다리보다 긴데, 보행에는 쓰이지 않고 적이 오면 위협하는 용도로 사용합니다. 입(구기)은 커다란 집게와 같은 턱다리가 있는데 그 끝에 독샘이 있어 먹이를 물고 신경독을 주입합니다. 왕지네의 신경독은 국소 통증과 가려움증을 동반한 홍반 부종이 나타나는 등 사람에 따라 가벼운 정도이거나, 또한 드물게 림프관염과 림프샘병증이 나타나기도 합니다. 심한 통증이 지속될 경우에는 병원에서 치료를 받아야 합니다. 또한 알레르기 환자, 고령자나 간 기능이 저하된 사람이 물린 후 현기증이나 구토 등이 수반되어 증상이 지속된다면 즉시 가까운 병원에서 진료를 받아야 합니다.

왕지네는 봄부터 초여름에 걸쳐 산란하는데 암컷이 몸을 광주리 모양으로 구부려 10~20개의 알을 품어 보호하는데 포란 기간은 약 30일이며, 유충은 2회의 탈피로 성충이 됩니다. 성충이 되기까지 약 2~3년이 걸리며 수명은 대략 5~8년입니다. 유충은 낮에 활발하게 움직이고 성충은 밤에 활발히 움직이는 것으로 알려져 있습니다.

왕지네가 집으로 유입되는 것을 막기 위해선 먼저 실내 공기를 습한 환경으로 만들지 않는 것이 중요합니다. 왕지네는 고온다습한 환경을 좋아하므로 실내 온도 18~22℃, 습도 33% 이하로 유지하고 자주 환기해 주세요. 또한 왕지네가 들어올 만한 틈은 없는지 꼼꼼히 확인하고 문틀, 창문 밑창의 구멍을 잘 막아야 합니다. 거품형 에어로졸을 이러한 틈 사이에 살포하면 예방 효과가 있고, 가루형 살충제를 전원주택 주위로 뿌려 놓으면 또한 살충과 예방 효과가 있습니다. 왕지네가 실내에 침입했을 경우, 섣불리 잡았다간 독침에 물릴 수 있으니 멀리서 일반 바퀴벌레 에어로졸을 살포하면 퇴치할 수 있습니다.

썩은 유기물 먹는 '분해자', 노래기

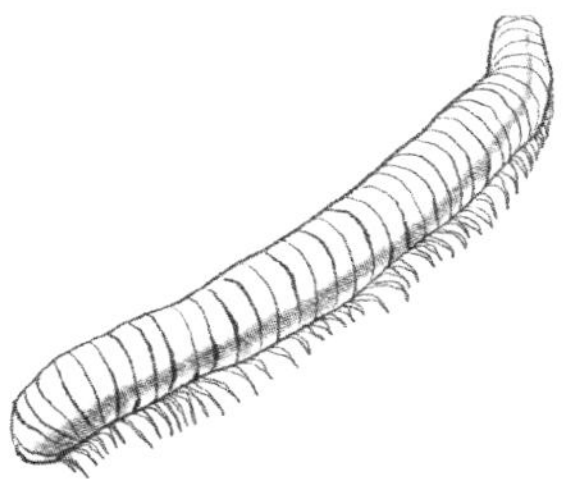

2020년 7월에 세종특별시, 충북 보은 등 충청북도 인근 지역에 노래기가 대량으로 나타나는 일이 발생했습니다. 이 지역의 이상 번식에 대해 확

인된 내용은 없지만, 예년보다 겨울이 따뜻해지고, 고온다습한 기후 등이 원인으로 추정되었습니다.

노래기는 우리나라와 일본·중국·동남아시아에 널리 분포하고, 전 세계적으로는 34종, 우리나라에는 21종이 보고되고 있습니다. 몸길이는 20~28mm 정도이고, 크게 머리와 몸통으로 나뉩니다. 머리에는 퇴화된 눈, 더듬이와 큰 턱, 작은 턱이 각각 한 쌍씩 있으며 표면에는 발달한 감각기와 감각 구멍들을 가지고 있습니다. 더듬이는 먹이나 천적을 탐색하고 번식기 동안에는 배우자를 찾는 역할을 하며, 종과 성별에 따라 서로 다른 모양(실 모양, 곤봉 모양 등)을 가지고 있습니다. 몸통의 단면은 원형이나 활 모양의 삼각형 또는 편평한 반원형도 있습니다. 몸마디 수는 11~60개 이상이며, 몸의 측면에 있는 방어샘은 지독한 냄새를 뿜어내 천적으로부터 몸을 보호하는 데 쓰입니다.

대부분의 노래기는 썩은 나무나 낙엽, 퇴비, 두엄 등의 썩은 식물성 유기물을 섭식합니다. 어둡고 습한 장소를 좋아하며, 주로 밤에 섭식과 이동 등의 활동을 하는 야행성입니다. 일부 노래기는 '군체'로 보일 정도로 집단으로 서식하기도 합니다.

생활에서 노래기에 대한 피해는 거의 없습니다. 주로 썩은 유기물을 먹는 '분해자'로서 인간에게 직접 피해를 주지 않지만, 앞서 뉴스에서처럼 이상 번식으로 인해 이따금 인간이 거주하는 생활 공간에 침입해 공격받을 경우 몸을 돌돌 말며 고약한 냄새가 나는 방어 물질을 분비하는 등 혐오감을 초래할 수 있습니다. 노래기가 실내에 침입했을 경우, 살충제를 살포해 퇴치하면 됩니다.

노래기가 집 안으로 유입되는 것을 방지 또는 퇴치하는 방법은 들어올 만한 틈을 꼼꼼히 확인하고 어둡고 습한 환경을 좋아하는 노래기의 습성을 파악해 이러한 곳에 미리 거품형 살충제 등을 살포하는 것입니다.

최근 10년간 발생한 돌발 해충

구분	발생 곤충	발병(매개질병)및 피해 증상
위생/ 위해 해충	먹파리	알레르기 반응 유발, 염증 유발, 피부 고통
	작은빨간집모기	일본 뇌염
	중국얼룩날개모기	말라리아, 사상충증
	깔따구	알레르기 반응 유발
	털진드기	쓰쓰가무시병
	토고숲모기	사상충증
	등검은말벌	독침으로 인한 과민성 쇼크, 발열, 두드러기, 알레르기 반응 유발
	작은소참진드기	중증 열성 혈소판 감소 증후군, 라임병, 반점열, 리커
	붉은불개미	독침으로 인한 과민성 쇼크, 발열, 두드러기, 알레르기 반응 유발
	매미나방	유충의 털에 두드러기, 알레르기 반응 유발
대발생 혐오 해충	대벌레	수목·인체 피해 없음
	꽃매미	나무에 그을음병 유발·인체 피해 없음
	벚나무 모시나방	수목·인체 피해 없음
	동양하루살이	-
	꼽등이	-
	연노랑뒷날개나방	수목·인체 피해 없음

자료 제공 : 팜클 기술연구소(질병관리청 감염병 포털 자료 정리)

	발생 연도	연중 발생 시기
	1971년 자료 시작 이후 연중 발생	3월~8월
	1975년 자료 시작 이후 연중 발생	6월~9월
	1980년 자료 시작 이후 연중 발생	3월~10월
	1987년 자료 시작 이후 연중 발생	3월~8월
	1989년 자료 시작 이후 연중 발생	4월~11월
	1989년 자료 시작 이후 연중 발생	3월~10월
	2003년 첫 발생 / 2013년 대확산 이후 연중 발생	8월~10월
	2013년 첫 발생 이후 연중 발생	4월~11월
	2017년 첫 발생	외래종 (아직 정착 못함)
	2020년 첫 발생 / 대발생 이후 연중 발생	7월~8월
	1999년 대발생 / 2020년 대발생 이후 연중 발생	6월~10월
	2007년 대발생 이후 연중 발생	5월~11월 발생
	2007년 대발생	4월~10월
	2008년 대발생 이후 연중 발생	4월~8월
	2010년 대발생 (춘천 주택가 수천 마리 발생 이후 없음)	연중 발생
	2016년 대발생	6월~7월

부록

살생물 제품을 이용한 위생

생활화학 제품 및 살생물제의 안전에 대하여

우리 주변을 둘러보면 나도 모르는 사이 수많은 화학 제품을 접하고 있습니다. 편리하고 위생적인 생활을 위해 샴푸나 세제, 화장품, 의약품 등과 같은 화학 제품의 사용량이 점점 늘어나면서 검증되지 않은 위험한 제품도 무분별하게 판매되어 왔습니다. 최근까지도 논란이 되고 있는 2011년 가습기 살균제 사건을 시작으로 2017년 '살충제 계란 파동', '여성 위생용품 논란' 등이 반복됨에 따라 국민들은 화학 제품에 대한 불안이 증가했습니다. 따라서 화학 제품에 대한 불신을 해결하고, 가습기 살균제 사건과 같은 일이 재발하지 않도록 환경부에서는 화학 제품을 관리하는 법을 만들었습니다. 화학 제품에 대한 기준과 피해 규제 등을 정하여 국민의 건강과 환경을 보호하기 위한 목적으로 「생활화학 제품 및 살생물제의 안전관리에 관한 법률」(이하 화학제품안전법)이 2019년 1월 1일부터 시행되고 있습니다. 특히 최근에 이슈가 있었던 살충제, 살균제의 경우 안전성 강화를 위해 많은 제도적 규제가 도입되고 있습니다. 성분별 효력이 유지되는지뿐만 아니라 인체에 유해하지 않은 정도의 최소 농도

함량 기준을 세워 그 안전성을 수시로 점검하고 있습니다. 따라서 생활화학 제품을 고를 때에는 관련 기관에 정식으로 허가받은 제품인지 반드시 확인할 필요가 있습니다.

화학 제품은 사용 용도에 따라 다양하게 구분하는데 환경과 관련한 제품은 환경부(국립환경과학원)에서 관리하고, 인체에 직접 사용하거나 식품과 관련한 제품은 보건복지부(식품의약품안전처), 농사나 축사 등에 사용하는 제품은 농림축산식품부(농림축산검역본부)에서 각각 별도로 관리하고 있습니다. 따라서 비슷한 성분의 살균 소독제라 하더라도 사용처에 따라 관리 기관이 다릅니다.

코로나19 방역에 사용하는 살균제는 국립환경과학원의 살생물 제품으로, 손에 쓰는 손 소독제는 식약처의 의약 외품, 식탁 및 조리 기구에 뿌리는 소독제는 식약처의 식품 첨가물로 관리됩니다. 축사에서 조류 독감 같은 가축의 질병 예방을 위해 사용되는 살균제는 농림축산검역본부의 동물용 의약 외품으로 서로 다르게 구분해 사용합니다. 따라서 등록된 제품을 확인하고 구입한다면 더욱 안전하게 사용할 수 있을 것입니다.

1) 환경부의 안전확인대상 생활화학 제품과 살생물 제품

안전확인대상 생활화학 제품이란, 일반 사람들이 쉽게 접할 수 있는 생활 공간에 사용되는 화학 제품으로 사람이나 환경에 화학 물질의 노출을 유발할 가능성이 있는 제품 중 유해성이 있다고 인정되어 환경부 장관이 지정하고 고시한 생활화학 제품입니다. 화학 제품의 무분별한 사용을 제한하고 인간과 동물의 건강 및 환경을 보호하기 위해 환경부에서는 화학 제품 안전법에 따라 사전에 승인받은 생활화학 물질과 제품만 국내에 판매, 유통할 수 있도록 관리하고 있습니다. 안전확인대상 생활화학 제품 중 생물을 죽이는 용도로 사용되는 제품을 '살생물 제품'이라고 합니다. 개인이나 공중의 보건과 위생에 해가 되는 벌레를 죽이는 살충제나 위생 해충을 기피하기 위한 기피제(인체에 직접 적용하는 것 제외), 방역용으로 사용하는 살균 소독제, 병원균을 사람에게 옮겨 질병을 일으키는 쥐를 방제하기 위한 살서제(쥐약) 등이 해당됩니다.

환경부 산하 국립환경과학원은 살생물 물질, 살생물 제품의 안전성, 안정성 그리고 효능·효과 등에 대해 접수된 자료를 검토 및 평가하여 승인하고, 제조업체는 승인 조건을 지켜 제조하고 시장에 유통시킵니다. 화학 제품에 쓰이는 모든 물질에 대해 '유해한 것은 아닌지', '효과가 있는지', '환경에 심각한 오염을 일으키지 않는지' 등을 종합적으로 평가하여 원료 물질을 승인합니다. 살생물 제품은 현재 국립환경과학원에서 '안전확인대상 생활화학제품'이라는 이름으로 임시 관리되고 있으며, 2023~2024년 원료 물질과 제품의 승인 평가를 거쳐 2025년부터는 살생물 제품으로 정식 등록된 제품만 시중에 유통될 예정입니다. 자세한 품목 승인 또는 신고 사항은 생활 주변 환경 안전 정보를 제공하는 '초록누리(ecolife.me.go.kr)'에서 확인 가능합니다.

초록누리 바로가기

2) 식품의약품안전처의 의약 외품

모기 및 진드기 등의 기피에 사용되는 인체용 기피제와 피부의 살균·소독을 위해 사용되는 손 소독제(외용소독제)는 식품의약품안전처에서 관리하는 의약 외품입니다. 「약사법」, 「의약품 등의 안전에 관한 규칙」(약칭 : 의약품안전규칙) 등의 법령에 의해 제조업체가 식약처 또는 지방식약청의 허가 또는 신고를 받기 위해 신청하면 해당 기관에서 제품의 안전성, 안정성 그리고 효능·효과 등을 평가해 등록하게 됩니다. 이후 제조업체는 허가 및 신고 조건에 따라 제조하고 시장에 유통시킵니다. 자세한 품목 허가 또는 신고 사항은 식품의약품안전처 의약품통합정보시스템 '의약품안전나라(nedrug.mfds.go.kr)'에서 확인 가능합니다.

의약품안전나라 바로가기

3) 식품의약품안전처의 식품 첨가물

사람이 섭취하는 식품 이외에도 식품에 직접 닿는 식칼이나 도마와 같은 식기류 등을 살균·소독하는 데 쓰이는 살균 소독제도 식품 첨가물로 관리됩니다. 따라서 「식품위생법」에 따라 식약처에서 별도 품목 제조 보고를 한 제품을 사용해야 합니다. 제조에 대한 현장 관리는 각 시·도 단체장에 속해 있는 식품 관련과 또는 보건소에서 담당하고 있습니다. 자세한 품목 허가 또는 신고 사항은 식품의약품안전처 '식품안전나라(foodsafetykorea.go.kr)'에서 확인 가능합니다.

식품안전나라 바로가기

4) 농림축산식품부의 동물용 의약 외품

농가나 축사에서 가축의 질병 예방을 위해 동물용으로 사용하는 살균 소독제는 동물용 의약 외품으로 관리됩니다. 동물용 의약 외품은 농림축산검역본부에서 「약사법」, 「동물용 의약품 등 취급규칙」에 따라 허가 및 신고된 제품을 사용해야 합니다. 제조업체가 농림축산검역본부에 허가 신청 또는 신고를 하면 농림축산검역본부는 제품의 안전성, 안정성 그리고 효능·효과 등을 평가해 허가 또는 신고로 등록을 하게 되고, 제조업체는 등록 조건에 따라 제조하고 시장에 유통시킵니다. 자세한 품목 허가 또는 신고 사항은 농림축산검역본부 '동물용의약품관리시스템(medi.qia.go.kr)'에서 확인 가능합니다.

동물용의약품관리시스템 바로가기

1

살균 소독제 A to Z

살균 소독제는 일반적으로 병의 전염이나 감염을 예방하기 위해 세균 등의 미생물이나 병원균을 사멸시키는 목적으로 사용하는 약제입니다. 살균 소독제는 각종 바이러스러부터 감염 위험에 노출되어 있는 병원이나 요양원 등에서 주로 사용되었습니다. 하지만 최근 들어 사스, 메르스, 코로나19, 원숭이 두창 등 돌발성 감염병이 빈번하게 발생하면서 살균 소독제는 생활 위생을 위한 필수 아이템이 되고 있습니다.

국내에 등록되어 판매되고 있는 살균 소독제는 많은 종류의 약제가 있고 가격과 효능도 천차만별입니다. 어떤 살균 소독제가 좋은 제품이고, 얼마의 가격대가 좋은지에 대한 정답은 없습니다. 목적과 장소에 따라 선택이 달라질 수 있기 때문입니다. 그렇다면 살균 소독제를 선택할 때 기준이나 확인해야 할 부분은 무엇일까요?

일상에서는 우선 소독/살균/멸균 중 어느 수준이 요구되는지를 파악하고, 예방이나 차단하고 싶은 유효 균주의 효력을 확인하는 것이 필요합니다. 더불어 사용 방식의 편리성과 제품의 안전성도 살균 소독을 위해서는 확인해야 할 부분입니다.

다양한 살균 소독 제품 광고 속에서는 소독과 살균, 멸균이 혼재되어 사용되고 있습니다. 여기서는 국립환경과학원의 〈살균 소독제 효능 시험 방법〉에서 정의한 용어를 바탕으로 정리하고자 합니다.

소독은 미생물을 제거하는 과정을 의미합니다. 일반적으로 집에서 사용하는 세제, 비누 등도 미생물을 제거에 도움이 되므로 소독 효과를 발휘합니다. 이러한 이유로 전파력이 강한 감염병이 유행할 때에는 손 씻기가 중요하고, 손 소독제가 마스크만큼 강조됩니다. 살균은 병원균을 사멸시키는 것을 말하며, 바이러스는 99.9%, 세균은 99.99% 이상의 균주를 사멸했다는 것을 뜻합니다. 모든 살균 소독제가 같은 효과를 내는 것은 아니고 환경부나 식약처에 등록된 살균 소독제만이 이 정도의 효력을 가지고 있습니다. 따라서 살균 소독제는 국내 기관의 승인을 받은 제품을 사용해야 합니다. 특히 코로나19에 효력이 있다고 주장하는 제품 중 대부분은 과대광고이거나 정부의 인증을 받지 않은 실험 자료 등을 보여주고 있습니다. 따라서 코로나19 바이러스를 소독하기 위해서 살균 소독제를 구매한다면 환경부의 승인을 받은 제품인지 먼저 확인해야 합니다.

소독과 살균의 더 높은 범주로는 멸균이 있으며 병원균과 아포(포자)◆

◆ 무성생식 세포의 일종. 아포 세포가 발달해 개체를 형성한다.

까지 제거하고 사멸시키는 것을 의미합니다. 하지만 멸균은 일상생활에서 지향하는 살균 소독법이라기보다는 수술 도구 또는 병원 중환자실이나 응급실, 실험실 등 전염병이나 감염병의 노출 위험성이 큰 고위험 지역에서 특수 장비를 통해 실행되는 살균 소독법입니다.

일상생활에서 개인 위생과 전염병 예방이나 차단 방역을 위해서는 살균 소독제를 사용하면 됩니다. 유효 균주의 효력이 있는지, 국내에 등록되어 있는지 확인하고 사용 방식의 편리성과 제품의 안전성도 살펴보아야 합니다. 또한 모든 살균 소독제는 사용 전 오염물을 제거하고 사용해야 살균 효과를 극대화할 수 있습니다.

시중에 유통되거나 판매되는 살균 소독제의 종류는 4가지로 대개 알코올, 4급 암모늄, 차아염소산나트륨, 옥손으로 나뉩니다. 알코올 성분은 가격이 저렴하고 대중적이지만 유효 균주의 범위가 좁고, 화재의 위험성이 있습니다. 또한, 살균시키는 데 걸리는 시간과 살균제 처리 전 오염물을 제거하고 사용해야 하는 불편함이 있습니다. 4급 암모늄은 비교적 저렴하고, 효과는 좋아서 널리 사용되는 약제이기는 하나 내성이 쉽게 유발되고, 가습기 살균제와 같이 용법·용량대로 사용하지 않았을 경우, 심각한 피부 자극이나 독성을 흡입하는 것과 같은 위험을 일으킬 수 있습니다. 제품 사용상의 주의 사항에 따른 개인 보호 장비를 구비하고, 등록된 용법과 용량대로 잘 지켜서 사용해야 합니다. 차아염소산나트륨은 흔히 락스라고 부르며 각 가정에서 살균 표백제로 자주 사용하는 물질입니다. 감염병 예방용으로 등록된 살균 소독제는 아니지만 미생물에 대한 살균력이 강하고 저렴해 코로나19와 같은 전염병 대유행 긴급 상황에서는 방역용 살균제로 사용이 가능합니다. 하지만 매년 락스로 인한 안전사고가 발생하는 등의 부작용이 있습니다. 염소 가스가 발생하지 않도록 하는 등 주의 사항을 잘 살펴서 사용해야 합니다. 사스와 메르스, 코로나19를 거치면서 크게 주목받은 살균 소독제는 옥손 계열의 살균제입니다. 세계적으로는 66개의 유효 균주에 대하여 효력을 가지고 있고, 국내에는 코로나19를 포함하여 세균 17종과 바이러스 14종 등 31종의 최다 유효 균주에 대해 등록되어 광범위한 용도의 살균제로서 생활치료센터, 병원, 요양원 등 중준위 위험 시설부터 일생생활 속 차단 방역을 위한 저준위 시설에까지 널리 사용되고 있습니다. 이 제품은 특히 효과가 빠르게 발휘되고(코로나19 바이러스는 1분 내 사멸), 희석액 기준 피부 자극성이 0으로 다른 제품에 비해 효력과 안전성 측면에서 뛰어납니다. 특히 최근에 발병한 원숭이 두창도 이미 원료 제조사에서는 효력 검증이 되어 국내 효과·효능 등록이 추진되고 있습니다.

<감염병 종류(2022년 기준)>

제1급 감염병 (17종)	에볼라 바이러스병, 마버그열, 라싸열, 크리미안·콩고 출혈열, 남아메리카 출혈열, 리프트밸리열, 두창, 페스트, 탄저, 보툴리눔 독소증, 야토병, 신종 감염병 증후군, 중증 급성 호흡기증후군(SARS), 중동 호흡기 증후군(MERS), 동물 인플루엔자 인체 감염증, 신종 인플루엔자, 디프테리아
제2급 감염병 (23종)	결핵, 수두, 홍역, 콜레라, 장티푸스, 파라티푸스, 세균성 이질, 장출혈성 대장균 감염증, A형 간염, 백일해, 유행성 이하선염, 풍진, 폴리오, 수막구균 감염증, b형 헤모필루스 인플루엔자, 폐렴구균 감염증, 한센병, 성홍열, 반코마이신 내성 황색포도알균(VRSA) 감염증, 카바페넴 내성 장내세균속균종(CRE)감염증, E형 간염, 코로나바이러스(COVID-19) 감염증, 원숭이 두창

제3급 감염병 (26종)	파상풍, B형 간염, 일본 뇌염, C형 간염, 말라리아, 레지오넬라증, 비브리오 패혈증, 발진티푸스, 발진열, 쓰쓰가무시병, 렙토스피라증, 브루셀라증, 공수병, 신증후군 출혈열, 후천성 면역결 핍증(AIDS), 크로이츠펠트-야콥병(CJD) 및 변종크로이츠펠트-야콥병(vCJD), 황열, 뎅기열, 큐열, 웨스트나일열, 라임병, 진드기 매개 뇌염, 유비저, 치쿤쿠니야열, 중증 열성 혈소판 감소 증후군(SFTS), 지카 바이러스 감염증
제4급 감염병 (23종)	인플루엔자, 매독, 회충증, 편충증, 요충증, 간흡충증, 폐흡충증, 장흡충증, 수족구병, 임질, 클라미디아 감염증, 연성 하감, 성기단순포진, 첨규콘딜롬, 반코마이신내성장알균(VRE) 감염증, 메티실린 내성 황색포도알균(MRSA) 감염증, 다제내성녹농균(MRPA) 감염증, 다제내성아시네토박터바우마니균(MRAB) 감염증, 장관 감염증, 급성 호흡기 감염증, 해외 유입 기생충 감염증, 엔테로 바이러스 감염증, 사람 유두종 바이러스 감염증

2

살충제 A to Z

우리가 일상에서 흔히 보는 해충은 대표적으로 바퀴벌레, 개미, 모기 등이 있습니다. 살충제에 대한 보편적 인식은 뿌리는 살충제, 독먹이 살충제를 기반으로 알려져 있습니다. 따라서 '살충제'라는 단어에 대한 일반적인 생각을 물으면 "벌레가 나올 때 살충제를 뿌린다", "그때그때 눈앞에 있는 것만 죽인다"는 답변을 받습니다. 하지만 이는 조금 잘못된 상식으로 해충별 살충제의 적절한 사용 방법에 대해 알아보도록 하겠습니다.

1) 살충제의 적용

바퀴벌레

바퀴벌레를 죽이고자 살충제를 사용할 때, 실내에서 바퀴벌레를 보았다면 즉각적인 살충을 위해 에어로졸 살충제를 사용하곤 합니다. 하지만 독일 바퀴벌레같이 생존력이 강한 바퀴벌레를 에어로졸로 살충할 경우, 뿌린 지역에 약제가 잔류하게 되고, 뿌린 공간 쪽으로는 바퀴벌레가 잘 다니지 않는 기피 현상을 보입니다. 에어로졸을 사용함으로써 더는 바퀴벌레가 안 나온다고 생각할 수 있지만, 사실 바퀴벌레는 더 안 보이는 곳에 숨은 채 사람들과 같이 살아가는 것입니다.

바퀴벌레든 개미든 해충은 기본적으로 생명체이기 때문에 물과 영양분을 기본으로 섭취하며 살아갑니다. 따라서 살충제 제조업계에서는 이러한 해충들이 본능적으로 섭취할 수밖에 없는 원료를 선택해 독먹이제에 넣어 제조하는데, 업계별로 연구 결과 및 노하우에 따라 효력이 천차만별입니다. 살충 원료가 들어있어도 결국 바퀴벌레가 먹지 않으면 아무 의미가 없기 때문에, 바퀴벌레에 대한 기호성 시험(여러 먹이 중 어느 먹이를 더 잘 먹는지 확인하는 시험)이 지속적으로 진행됩니다. 따라서 오랜 기간 바퀴벌레 연구소를 통해 노하우를 쌓은 팜클의 제품을 추천하고 싶습니다.

적절한 독먹이 제품을 구매했다면, 오남용을 최소화하기 위해 사용방법을 명확하게 확인하고 처리해야 합니다. 바퀴벌레는 앞서 말했듯이 어둡고 습하고 좁은 공간을 선호하기 때문에 우리 일상에서 잘 보이지 않습니다. 따라서 바퀴벌레 주 서식처인 냉장고 밑, 선반 틈, 신발장 경첩 사이, 세탁기 밑, 장롱 틈, 베란다 등에 독먹이제를 놓아두세요. 또한 바퀴벌레도 신선한 유기물을 좋아하기에 100% 완벽한 방제를 원한다면 7~14일 간격으로 정기 약제 처리(2회)하는 것을 권장합니다. 1회 처리를 통해 실내 서식하는 바퀴벌레의 군집 살충을 도모했다고 하면, 이때 독먹이를 먹은 바퀴벌레들이 몸에 위협을 감지하고 가지고 있던 알을 몸에서 분리합니다. 이 알에서 보통 1~2주 후 바퀴벌레 유충이 깨어나기 시작하며 돌아다니는데 이때 한 번 더 처리를 한다면 바퀴벌레를 효과적으로 방제할 수 있습니다. 설치 후 일정 시간이 지나도 성충이나 유충 모두 먹이 선호도가 유지되는 독먹이 제품을 사용하는 것이 더 좋습니다.

덧붙여 살충 효과를 높이고자 IPM(종합적 방제) 방식을 사용하는데, 약제를 처리하는 것(화학적 방제)뿐 아니라 동시에 바퀴벌레가 온전히 독먹이제만을 먹을 수 있게 실내 주변을 깨끗하게 관리하는 것(물리적 방제)이 매우 중요합니다. 실제로 사람마다 고기, 연어, 달걀, 채소류 등 저마다 식품 기호도 차이가 있듯이 바퀴벌레 또한 종, 군집에 따라 먹이 선호 특성이 조금씩 다른데 독먹이제를 더 잘 먹게 하기 위해 물이나 유기물(음식물, 과자 부스러기 등)을 먹지 않도록 주변 위생 관리를 동시에 해주는 것이 매우 중요합니다.

개미

개미는 40여 가지의 소통 언어(페로몬)를 가지고 소통한다고 알려져 있으며, 하나의 군집(집단) 내에 여왕개미, 수개미, 병정개미 등으로 계급이 나누어져 군집 생활을 합니다. 그렇기 때문에 일부 개미가 에어로졸에 의해 치사되었다고 가정하면 개미들은 에어로졸이 뿌려진 지역을 위험 지역으로 간주하고 이를 공유해 '가면 안되는 곳'으로 인식하기도 합니다. 군체 내 적정한 수의 일개미와 병정개미를 유지하는 특성상 군집의 개체 수가 줄면, 여왕개미는 군집을 키우기 위해 더 많은 산란을 통해 더 많은 개미를 생산합니다. 따라서 완벽한 방제를 생각한다면 독먹이 방제를 진행해야 합니다.

개미는 실내 서식 개미, 실외 서식 개미로 나눌 수 있는데, 주로 실내에서 서식하는 개미는 액상 타입의 약제를, 실외에서 서식하는 개미는 과립 타입의 약제를 사용해 방제합니다. 이는 개미가 서식하는 환경과도 직결되어 있는데, 실외에 서식하는 개미는 주로 흙 속에 거점을 만들어 생활하고, 넓은 환경과 군집에서 더 많은 개체 수를 가지려는 성향이 있습니다. 땅 내부에서는 수분의 공급이 비교적 쉬워 개미 군집 생활에 필요한 고분자의 단백질 계통의 원료가 배합된 고영양 성분의 영양분을 선호합니다. 반면 실내 서식 개미는 개체 수가 상대적으로 적어 단백질 계통의 원료보다는 꿀, 올리고당 같은 고분자 탄수화물이나 저분자의 당으로 구성된 유기물원을 선호하고, 특히 실내에서 콘크리트 틈에 거점을 만든 개미들은 수분 공급에 취약하기 때문에 액상 타입의 약제를 사용해야 더 효과적입니다. 다만 실내 환경에 따라서도 개미의 수분 및 영양원 공급 가능 정도가 군집마다 다를 수 있어, 액상 타입과 과립 타입 두 가지 독먹이제를 혼용해서 사용하는 것이 가장 효과적인데, 이런 문제를 해결하기 위해 팜클에서는 국내 최초로 듀얼 타입의 개미약(한 용기에 액상, 과립 포장) '잡스 개미 듀얼베이트'를 출시해 뜨거운 반응을 얻고 있습니다.

대개 실내에서는 바퀴벌레가 발견되면 개미는 살지 않고, 개미가 발견되는 집에서는 바퀴벌레가 안 산다고 이야기하는데, 이는 서로 다른 종간의 먹이 경쟁, 개체 간 우점 싸움으로 확산된 일종의 '해충 전쟁'입니다. 실제로 두 가지 종 이상 같이 실내에 서식하는 경우는 집이 아주 넓거나, 전원주택 같은 외부 유입 해충의 빈도가 높은 가옥에서 많이 보이는 현상입니다.

모기

모기 방제에는 독먹이제가 크게 효과적이지 않습니다. 모기는 대부분 생존을 위해 단순당(포도당, 자당 등)을 섭취하기도 하지만 산란을 위해 사람이나 동물의 피가 필요하기 때문에 독먹이에 의한 살충보다는에어로졸이나 훈증에 의한 직접 살충이 일반적으로 사용됩니다.

독먹이제는 직접 먹지 않는 이상 사람에게 유해하진 않지만, 에어로졸이나 훈증제의 경우 체내로 화학 성분이 흡수되어 유해할 수 있습니다. 살충제 분사 후 환기를 최소 30분 이상 해야 하며 손이나 피부, 옷 등에 노출되었을 경우 깨끗이 씻고 섬유 등에 묻었을 때는 일괄 세탁하는 것이 좋습니다. 또한 지속적으로 향이 뿜어져 나오는 코일형, 매트형, 액체 전자 모기향의 경우는 영유아나 폐 기능이 약한 이들(노인)의 호흡기에 자극을 줄 수 있기 때문에 사용 시에 주기적인 환기가 필요합니다.

3

살서제 A to Z

쥐에 대한 문제는 앞서 part 2에서 다룬 것과 같이 아주 오래전부터 국내에서 큰 문제가 되어왔습니다. 쥐는 매일 체중의 10% 정도를 먹어야 생활이 가능하기 때문에 음식물이나 곡물에 대한 직접적인 피해가 큽니다. 지속적으로 이빨을 갉는 습성에서 기인된 시설물의 파손(목재 손상, 누전에 의한 화재, 건물 구멍 등)으로 인한 경제적 손실도 큽니다. 그리고 쥐의 오염물이나 쥐에 기생하는 벼룩, 진드기, 세균 등을 통해 옮기는 질병(페스트, 렙토스피라증, 서교열, 신증후군출혈열, 쓰쓰가무시병, 살모넬라증 등)으로 인한 피해도 이어집니다.

쥐는 대체로 야행성이라 조기 발견이 쉽지 않으므로, 쥐의 오염물이나 침입 흔적, 소리 등을 모니터링해서 쥐가 침입했는지 파악해야 합니다. 낮에 쥐를 발견했을 경우에는 쥐의 서식 밀도가 아주 높은 것으로 즉각적인 방제가 이루어져야 합니다. 쥐는 번식 능력이 아주 뛰어나서 이론상으로 암수 한 쌍이 1년에 2만 마리까지 증식이 가능하나 환경적 제한 요인을 고려할 때 대체로 1,000마리 정도까지는 증식하는 것으로 관찰되고 있습니다.

전통적으로 쥐의 방제를 위해서는 쥐덫과 끈끈이를 이용했으나, 최근에는 끈끈이와 독먹이제가 사용되고 있습니다. 한번 실내로 들어온 쥐는 여러 곳에 은신처와 생활 공간을 만드는 습성이 있고, 빠르게 번식이 이루어지므로 쥐의 침입 경로를 막고 살서제◆를 바로 사용하는 것이 권장됩니다. 과거 살서제는 급성과 만성 살서제를 사용했으나 1970~1980년대에 급성 쥐약의 문제가 사회적으로 크게 대두하면서 2000년 초반부터는 만성 살서제만 판매되고 있습니다.

국내 만성 살서제는 항응혈성 약제를 사용해 쥐가 좋아하는 먹이를 첨가한 독먹이제로 개발되어 유통되고 있습니다. 만성 항응혈성 살서제는 크게 1세대와 2세대로 나누어지며, 반복 섭식을 통해 살서 효과가 발휘되는 1세대에 비해 1회 섭식으로도 살서 효과가 발휘되는 2세대로 나눌 수 있습니다. 만성 항응혈성 살서제는 안전성 측면에서 쥐 외에 사람이나 가축, 반려동물 등에 상대적으로 안전하며 중독되었을 때도 비타민 K를 통해 해독이 가능합니다. 또한 만성 살서제의 경우 쥐약을 먹은 쥐의 치사가 느리게 진행되면서 뚜렷한 외부 표징의 미발현으로 약제 기피성이 발견되지 않으며, 죽은 쥐가 쥐약 주변이 아닌 멀리 떨어진 곳에서 나

◆ 쥐의 구제(驅除)를 목적으로 사용하는 약제를 말한다.

타나게 되어 쥐약의 호식도에 영향을 주지 않습니다.

국내에 유통되는 살서제는 제형으로 보았을 때, 크게 4가지로 나누어 볼 수 있습니다.

가루 제형

가루 제형은 쥐 먹이와 섞어줘야 하는 불편함이 있지만, 쥐가 선호하는 먹이를 사용할 수 있다는 장점이 있어서 널리 사용되고 있습니다. 다만 가루 제형 특유의 분진으로 도포 시 호흡기를 통한 흡입의 위험이 있습니다.

과립 제형

쥐는 잡식성으로 모든 음식물을 잘 섭취하나 고체 성분을 더 선호하며, 주로 서식하는 주위에서 쉽게 먹이로 구할 수 있는 익숙한 먹이를 좋아합니다. 쌀을 주식으로 하는 우리나라에서는 쌀에 쥐약을 코팅한 쌀 형태의 쥐약 과립 제형이 판매되고 있습니다. 특히 쥐는 앞니와 어금니 사이에 다른 치아가 없어 쌀 쥐약은 그대로 식도로 타고 넘어가 효력을 발휘합니다.

반죽 제형

쥐는 말랑말랑한 반죽 제형을 좋아합니다. 따라서 쥐의 서식처를 알고 있을 때는 반죽 제형을 사용하면 효과적입니다. 이 제형은 오염되었을 때 쥐들의 기호성이 떨어져 야외에서 사용할 때는 주의가 필요합니다.

알약 제형

쥐가 앞니를 계속 갉아야 하는 습성을 고려한 제형으로, 열과 습도에 안정성이 높아 야외 처리에 유리합니다. 특히 쥐의 침입이나 서식처가 불분명할 때는 쥐의 흔적을 확인하기 쉬워 모니터링 용도로도 사용 가능합니다. 살서제는 처리 장소에 따라 제형을 잘 선택해서 사용해야 하고, 뚜껑이 있는 독먹이 상자에 넣어 처리해야 합니다.

4

해충 기피제 A to Z

최근 들어 해충으로 인한 직접적인 피해 외에 해충에서 숙주하는 기생체를 통한 바이러스, 세균 등 질병의 감염 기작◆이 밝혀진 후, 살충제 사용 외에도 해충의 접촉 자체를 차단할 수 있는 기피제의 사용과 개발에 대한 관심이 증가하고 있습니다.

모기는 세계보건기구WHO에서 가장 주목하는 해충 중 하나로 실제로 지금까지 많은 인간을 죽인 가장 위협적인 생물체이며, 특히 우리나라는 대표적인 모기 매개 질환인 말라리아 발생률이 경제협력개발기구OECD 국가 중 1위(2019년 기준)로 모기가 활발하게 활동하는 5~10월까지는 기피제 사용의 중요성이 강조되고 있습니다.

◆ 생물의 생리적인 작용을 일으키는 원리

여기에 지구 온난화로 인해 한반도의 기후가 진드기의 서식 환경에 적합해지면서 개체 수 증가로 인한 피해가 늘면서 기피제의 수요는 점점 늘고 있습니다. 진드기 매개 감염병의 대표적인 질병인 중증 열성 혈소판 감소 증후군SFTS의 경우 다른 감염병에 비해 치명률이 18.5%로 높고, 예방 백신과 치료제가 없어 기피제 등을 사용해 진드기에 물리지 않도록 조심하는 것이 최선의 예방법입니다.

기피제는 2000년 국내에 처음 소개된 이후로 천연 성분을 포함한 다양하고 많은 제품이 판매되었으나, 안전성에 대한 문제가 제기되었습니다. 이에 2017년 식약처에서는 7종의 기피제 성분에 대한 리뷰가 진행되었고, 현재 4개 성분에 대해서만 효력과 안전성이 인정되어 허가되었습니다. 시장에서 가장 많이 판매되는 대표 성분 3가지는 IR3535, 디에칠톨루아미드, 이카리딘으로 이 성분들은 에어로졸, 스프레이, 롤온, 크림 타입 등 다양한 제형으로 사용되고 있습니다.

최근 시장에서는 기피제라는 이름 대신 '아웃도어 미스트'라는 상표명이* 일반화되어 사용되는 추세입니다. 2015년 아웃도어 미스트라는 이름으로 IR3535 기피제가 국내에 출시된 후, 야외 활동 시 해충 기피가 건강한 여가 활동에 도움을 준다는 콘셉트가 소비자와 시장에 잘 수용되어 지금은 여러 회사에서 동일한 이름인 아웃도어 미스트로 다양한 기피제를 판매하고 있습니다.

1) 기피제 종류

IR3535

350년 전통으로 세계에서 가장 긴 역사를 가지는 독일 머크사Merck에서 개발되어 유럽에서 30년 이상 사용되고 있는 기피제입니다. 자연에서 발생하는 천연 아미노산 β-알라닌β-alanin 성분의 기피제로 WHO 독성 등급◆ U등급을 받아 안전성이 높습니다. 수생 생물에 독성이 없어 물놀이 시 인체와 환경에 안전하게 사용이 가능하며, 유아 로션 및 화장품에도 사용되는 성분으로 연령 제한 없이 유아에서 성인까지 전 연령에서 사용이 가능합니다.

디에칠톨루아미드

최초의 기피제로 제2차 세계대전이 끝난 1946년, 미군과 미국 농무부가 미군에서 사용하기 위해 공동 개발했으며 일반 대중에게는 10여 년이 지난 1957년부터 판매되었습니다.

오랜 시간 동안 전 세계적으로 사용되고 있는 기피제 성분인 만큼 해충을 퇴치하는 효과는 뛰어나지만 안전성의 문제로 사용 함량과 빈도, 연령 등을 규제하고 있습니다. 국내에서는 디에칠톨루아미드 함유량이 10% 초과인 제품은 12세 미만 아동에게 사용을 금하고 있습니다.

이카리딘

디에칠톨루아미드와 더불어 가장 많이 사용되는 성분 중 하나로

◆ 맹독성(Class Ia), 고독성(Class Ib), 보통 독성(Class II), 저독성(Class III), 미독성(Class U) 총 다섯가지로 분류된다.

1980년대 독일 바이엘사Bayer가 후추 관련 식물을 개발해 만들어낸 성분으로 2001년 유럽에서 처음 사용된 후 전 세계적으로 사용되는 성분입니다. 무색무취에 피부 자극이 적으며, 플라스틱이나 합성 섬유에 손상을 주지 않고 피부 및 흡입 독성이 낮아 안전한 성분으로 평가받고 있습니다. 국내에서는 생후 6개월 이하 영아에게는 사용을 금지하고 있습니다.

2) 기피제 작용 원리

기피제는 모기를 대상으로 한 연구가 가장 많이 보고되었는데 여러 가지 복합적 작용으로 사람을 먹이로 인지하지 못하게 하는 것으로 추정하고 있습니다. 기피제는 모기의 후각, 미각, 감각 수용체를 억제하거나 반대로 강하게 자극해 사람의 체온, 이산화탄소, 냄새 등에 대한 감각을 떨어뜨리거나 반응하지 못하게 합니다. 미각 수용체를 교란해 식욕 억제제로 작용하고 감각 수용체에 결합하여 온도 측정 감각에 이상을 초래합니다. 또한 옥테놀Octenol 같은 모기 유인 물질과는 직접 결합하여 유인 물질이 모기 후각 수용체에 포착되지 못하게 합니다.

기피제는 효과가 가장 중요한 요소이기는 하지만, 피부 및 피부에 직접 닿는 표면에 주기적으로 사용해야 하기 때문에 안전성과 사용감도 선택의 중요한 요소입니다. 따라서 제품의 기피 효력을 증대하기 위해서는 올바른 사용법을 지켜야 합니다. 그중에서도 제품을 자주 또는 반복적으로 사용하는 것은 권장하지 않습니다. 또한 자외선 차단제와 함께 사용할 때는 반드시 자외선 차단제를 먼저 사용하고, 최소 10~15분 후에 기피제를 사용해야 하며, 기피제를 먼저 사용한 후 자외선 차단제를 바르면, 기피제의 효과가 감소할 수 있습니다.

현재까지는 기피제를 해충 기피의 목적으로만 사용하고 있지만, 앞으로는 바이러스나 질병에 대한 작용 기작이 밝혀지면 바이러스나 세균에 대한 더 넓은 의미의 기피제도 개발되고 사용될 수 있으리라 기대합니다.

참고문헌

PART 1

1 | 집 안 곰팡이 위생

논문

- 신두만&김쌍용(2002), 「실내 먼지에서 진균의 분포」, 『임상병리검사과학회지』. 34(2), pp.70-74.
- 이시원 외(2016), 「파이로시퀀싱 분석법을 이용한 주거 환경 중 거실과 화장실의 세균 특성」, 『Microbiol. Biotechnol. lett』, 44(1), pp.84-88.
- 홍승범&김대호(2014), 「세면대 실리콘에 발생한 곰팡이의 동정」, 『한국균학회지』, 42(1), pp.69-73.
- Gorguner, M. et al.(2004), 「Reactive airways dysfunction syndrome in housewives due to a bleach-hydrochloric acid mixture」, 『Inhalation Toxicology』, 16(2), pp.87-91.
- White, C.W.(2010), 「Chlorine gas inhalation: human clinical evidence of toxicity and experience in animal models」, 『Proceedings of the American thoracic Society』. 7(4), pp.257-263.

도서

- 식품의약품안전처(2016), 『미생물 위해 기술서 I,II』.

웹사이트 및 기타

- 고용노동부(2020), 「2020 락스 안전 사용 가이드」.
- 조태용(2010), 「곰팡이 독소 안전 관리와 분석법」.
- 환경부 국립환경보호원(2011), "가정집 70%가 총부유 세균 유지기준 초과", <환경부 국립환경보호원 보도자료> 06월15일.

2 | 음식 위생의 시작 주방 위생

논문

- 강명숙&장윤희(2008), 「가정 내 주방용품 및 기구의 위생실태 및 미생물학적 분석」, 『한국식품조리과학회지』, 24(5), pp.706-712.
- 정종신 외(2013), 「세제세척 후 용기재질과 헹굼시간에 따른 계면 활성제 잔류량 변화」, 『KSSE(대한화약발파공학회)』, 35(12), pp.978-981.
- Gerba, C.P. el al.(2014), 「Domestic and Indoor Microbiology」, 『Environmental Microbiology (Third edition)』, pp.665-675.

도서

- 식품의약품안전처(2019), 『식품접객업소 위생적 식품조리 안내서』.

웹사이트 및 기타

- 한국소비자원(2005), 「가정 내 냉장고 및 주방용구 안전 실태 조사」.
- 한국소비자원(2020), 「주방용 세제 품질 비교시험 결과」.

3 | 세균 저장고가 된 냉장고 위생

논문

- 강명숙&장윤희(2008), 「가정 내 주방용품 및 기구의 위생실태 및 미생물학적 분석」, 『Korean Journal of Food and Cookery Science(한국식품조리과학회지)』, 24(5), pp.706-712.
- 홍준배&임승용(2005), 「Microbial Contamination in Kitchens and Refrigerators of Korea Households」, 『Journal of Food Hygiene and Safety(한국식품위생안전성학회지)』, 30(4), pp.303-308.

도서

- 식품의약품안전평가원(2015), 『미생물 위해 기술서 I』, pp.125-159.

웹사이트 및 기타

- 식품의약품안전처(2020), "위생 취약한 여름철, 감염병 예방 위한 '식재료 보관법'", <식품위해안내 콘텐츠>, 08월 28일 게재.

4 | 과일/채소 위생

논문

- 이소정 외(2021), 「세척제를 사용한 과일 및 채소의 세척단계별 계면 활성제 잔류량」, 『한국식품과학회지』, 53(6), pp.792-798.
- 이지윤 외(2009), 「세척방법에 따른 들깻잎의 잔류 농약 제거효과 연구」, 『보건환경연구원보』, 19(1), pp.64-71.

웹사이트 및 기타

- 농촌진흥청(2017), "쌈 채소, 물 받아 씻는 게 흐르는 물에 씻는 것보다 효과적", <농촌진흥청 홈페이지 보도자료>, 04월 21일.
- 식약청 웹진(2012), 『열린마루』, 「잔류 농약, 이제 걱정하지 마세요」, 6월호, pp.12-13.
- 식품의약품안전처, 2021년 12월 23일 개정, 「위생용품의 기준 및 규격」.
- 초록누리 홈페이지 https://ecolife.me.go.kr/ecolife

7 | 단단한 물체 표면의 위생

논문

- K ljalg, S.(2017), 「High level bacterial contamination of secondary school students' mobile phones」, 『Germs』, 7(2), pp.73-77.
- Tajouri, L. et al.(2021), 「The role of mobile phones as a possible pathway for pathogen movement, a cross-sectional microbial analysis」, 『Travel Medicine and Infectious Disease』, Vol. 43.

웹사이트 및 기타

- 김효인(2019), "물티슈에 스며든 중금속 성분 원단 위험성 간과", <투데이 신문>, 09월 12일.
- 류창석(2015), "물티슈, 잘못 쓰면 병원·가정서 세균 확산시켜" <연합뉴스>, 06월 09일.
- 이종은(2015), "성분 못지않게 원단도 중요, 100% 레이온 사용 아기 물티슈에 주목", <이뉴스투데이>, 02월 12일.

8 | 우리집 실내 공기 위생

논문

- 박수정 외(2020), 「천식 환자 가정 내 굽기조리 활동에 의한 실내 미세 먼지(PM2.5) 농도 수준의 변화」, 『한국환경과학회지』, 29(1), pp.109-117.
- WHO(2014), "7 million premature deaths annually linked to air pollution", 25 March.

웹사이트 및 기타

- 한국소비자보호원(2005), 「에어컨 내 유해미생물 안전실태조사 요약본」, p.9.

10 | 반려동물 위생

논문

- 조준호(2020), 「반려동물과 아동의 천식증상과의 관계에 관한 연구」, 『한국환경보건학회지』, 46(1), pp.11~21.
- Chan, S.K.&Leung, D.Y.M.(2018), 「Dog and Cat Allergies: Current State of Diagnostic Approaches and Challenges」, 『Allergy, Asthma & Immunology Research』, 10(2), pp.97-105.

웹사이트 및 기타

- EPA, "Asthma Triggers", https://www.epa.gov/asthma/asthma-triggers-gain-control#pets.
- Martin, N., "Toxicology Brief: DEET Toxicosis", <vetfolio>, https://www.vetfolio.com/learn/article/toxicology-brief-deet-toxicosis.

11 | 감염병 유행 시 위생

도서

- 질병관리청(2021), 『2021년도 수인성·식품매개감염병 관리 지침』.

PART 2

2 | 엄연한 해충, 개미 위생

논문

- 이규식&정소영(2004), 「목조 문화재의 보존을 위한 한국산 흰개미의 생태적 특성 연구」, 『문화재』. 통권 37호, pp.327-348.
- 이상빈 외(2021), 「국내외 흰개미 방제 기술의 발달 과정과 목조 건축 문화재의 흰개미 피해 저감을 위한 방안」, 『문화재』, 통권 92호, pp.194-215.
- 이한솔 외(2015), 「주요 국내 사용 방부제 3종에 대한 흰개미 저항 효력」, 『목재공학』, 43(6), pp.804-809.

웹사이트 및 기타

- 정상빈(2021), "목조 문화재 흰개미 피해 확산", <KBS NEWS>, 07월 05일.

3 | 여름 불청객, 모기 위생

논문

- Breugel, F.V. et al.(2015), 「Mosquitoes Use Vision to Associate Odor Plumes with Thermal Targets」, 『Current Biology』, 25(16), pp.2123-2129.
- Dobson, R.(2000), 「Mosquitoes Prefer Pregnant Women」, 『British Medical Journal』, p.1558.

웹사이트 및 기타

- McVean, A.B.Sc.(2019), "Why Mosquitos Bite You and How to Make Them Stop", <Mcgill.ca>, https://www.mcgill.ca/oss/article/health-technology/why-mosquitos-bite-you-and-how-make-them-stop.

5 | 긴 전염병의 역사를 가진 쥐 위생

논문

- 송현제(2016), 「전남 곡성군에서 포획한 들쥐 분포 및 털진드기의 개체군 밀도」, 『대한임상검사과학회지』, 48호, pp.242-246.
- 이정일(1997), 「한국산 쥐의 특성과 방제」, 『한국동물학회 뉴스레터』, 14호, pp.3-9.

도서

- 전순표(1998), 『쥐의 생태와 방제』, 서민사.

웹사이트 및 기타

- 질병관리본부청(2020), 「2020년도 진드기 설치류 매개 감염병 관리지침」.

6 | 알레르기 질환의 원인, 집먼지진드기 위생

논문

- 용태순&정경용(2011), 「우리나라 집먼지진드기 생태에 관한 고찰 및 표준 조사법 제안」, 『대한소아알레르기호흡기학회』, 제21권, 제1호, pp.4-16.
- Platts-Mills, T.A.E.&Pollart S.S.(1997), 「Allergen Sensitization and Perennial Asthma」, 『Int Arch Allergy Immunol』, 113, pp.83-86.

웹사이트 및 기타

- 질병관리청(2022), "만성 질환 예방 관리 - 아토피 천식 예방 관리 사업", https://kdca.go.kr/contents.es?mid=a20303020400.

8 | 목숨을 노리는 야생 진드기

논문

- 이혁재&박철(2021), 「전북 진안에서 채집한 털진드기 분포 변화」, 『대한임상검사과학회지』. 53권, 4호, pp.317-325.

9 | 우리를 놀라게 하는 돌발 해충 위생

논문

- 김태흥&임길영(1993), 「한국산 노래기류의 분류 및 생태」, 『한국생태학회지』, 16(2), pp.151-157.
- 조선란 외(2011), 「권연벌레와 어리쌀바구미에 대한 26종 살충제의 접촉독성 및 잔효성」. 『농약과학회지』, 15(3), pp.310-316.
- Amante, M. et al.(2017), 「Bethylids attacking stored-product pests: an overview」, 『Entomologia Experimentalis et Applicata』, 163(3), pp.251-264.
- Dal Bello, G.(2000), 「Laboratory evaluation of chemical-biological control of the rice weevil (Sitophilus oryzae L.) in stored grains」, 『Journal of Stored Products Research』, 37(1), pp.77-84.
- Evans, E.W.(2009), 「Lady beetles as predators of insects other than Hemiptera」, 『Biological Control』, 51(2), pp.255-267.
- Ghani, M.A.&Sweetman, H.L.(1951), 「Ecological Studies of the Book Louse, Liposcelis Divinatorius (Mull.)」, 『Ecology』. 32(2), pp.230-244.
- Grimaldi, D.& Engel, M. S.(2005), 「Evolution of the Insects」, 『Cambridge University Press』, p. 289.
- Hetrick, L.A.(1970), 「Biology of the 'love-bug', (Diptera: Bibionidae)」, 『Florida Entomologist』, 53(1), pp.23-26.
- Hong K.J. et al.(2018), 「First confirmation of the distribution of rice weevil, Sitophilus oryzae,in South Korea」, 『Journal of Asia-Pacific Biodiversity』, 11(1), pp.69-75.
- Hwang, J.M. et al.(2009), 「Life history and secondary production of Ephemera orientalis (Ephemeroptera: Ephemeridae) from the Han River in Seoul, Korea」, 『Aquatic Insects』, 31(1), pp.333-341.
- Itoh, H.(1980), 「Habits of *Cephalonomia gallicola* (Ashmead) (Hymenoptera, Bethylidae)」, 『Japanese Journal of Sanitary Zoology』, 31(4), pp.296-298.

- Kronm ller, C. & Lewis, J.G.(2015), 「On the function of the ultimate legs of some Scolopendridae (Chilopoda, Scolopendromorpha)」, 『ZooKey』, 510, pp.269-278.
- Lee, I.Y. et al.(2014), 「Human Sting of *Cephalonomia gallicola* (Hymenoptera: Bethylidae) in Korea」, 『The Korean Journal of Parasitology』, 52(6), pp.681-684.
- The PLOS ONE Staff(2015), 「Correction: The Centipede Genus Scolopendra in Mainland Southeast Asia: Molecular Phylogenetics, Geometric Morphometrics and External Morphology as Tools for Species Delimitation」, 『PLOS ONE』, 10(9), e0139182.
- Tuf, I. H. et al.(2015), 「Personality affects defensive behaviour of Porcellio scaber (Isopoda, Oniscidea)」, 『ZooKeys』, 515, pp.159-171.
- Thornhill, R.(1976), 「Reproductive behavior of the lovebug, Plecia nearctica (Diptera: Bibionidae)」, 『Annals of the Entomological Society of America』, 69(5), pp.843-847.
- Woodbury, N.&Gries, G.(2007), 「Pheromone-based arrestment behavior in the common silverfish, *Lepisma saccharina*, and giant silverfish, *Ctenolepisma longicaudata*」. 『Journal of Chemical Ecology』, 33(7), pp.1351-1358.
- Wygodzinsky, P. W.(1972), 「A review of the silverfish (Lepismatidae, Thysanura) of the United States and the Caribbean area」, 『American Museum novitates』. no. 2481.
- Yoder, J.A. et al.(2012), 「Pollen feeding in *Balaustium murorum* (Acari: Erythraeidae): visualization and behaviour」, 『International Journal of Acarology』, 38(8), pp.641-647.

도서

- 국립산림과학원(2021), 『생활권 주요 수목의 노린재목 해충 피해 및 생태특성 조사』, 연구자료 제975호.
- 국립수목원(2010), 『한국산 산림서식 메뚜기 도감』.
- 질병관리청(2020), 『위생해충 분류군별 정보집』.
- Blum, M.S.(1981), 『Chemical defenses of arthropods』, New York: Academic Press.
- Burton, M.&Buton, R.(2002), 『International Wildlife Encyclopedia(3 ed.)』, Marshall Cavendish.
- Johannsen, O.A. & Butt, F.H.(1941), 『Embryology of insects and myriapods; the developmental history of insects, centipedes, and millepedes from egg desposition [!] to hatching』, New York McGraw-Hill Book Company.

웹사이트 및 기타

- 국가자연사연구종합정보시스템 www.naris.go.kr
- 국립생물자원관 한반도의 생물다양성 국가생물종목록 http://species.nibr.go.kr/
- 국립수목원 국가생물종 지식정보시스템 http://nature.go.kr/index.jsp
- 농촌진흥청 국가농작물병해충관리시스템 https://ncpms.rda.go.kr/npms/Main.np
- 미국살충제정보센터(National Pesticide Information Centre) http://npic.orst.edu/
- 강영식(2009), "포도농가 '꽃매미 스트레스'", <충청투데이>, 07월 12일.
- 송근섭(2020), "'벌레계 스컹크' 농촌마을 습격사건...'노래기와 전쟁'", <KBS NEWS>, 07월 07일.
- 유의주(2019), "국립자연휴양림 사고 5년간 43건…낙상 20건으로 '최다'", <연합뉴스>, 09월 30일.
- 유창재(2022), "남양주 '동양하루살이'와의 전쟁", <경기일보>, 05월 31일.
- 유혜은(2022), ""얼마나 더 죽여야 하나" 러브버그에 난리난 은평구 주민들", <JTBC 뉴스>, 07월 03일.
- 윤경재(2020), "정부, 나라미 '쌀벌레' 전수조사…"보관 기간도 단축"", <KBS NEWS>, 09월 29일.

- 이재영(2022), "도심 떼 출몰 '러브버그'는 국내 보고된 적 없는 미기록종", <연합뉴스>, 07월 07일.
- 이화종(2020), "세종시에 창궐하는 노래기, 발생 원인 파악도 중요", <미디어인뉴스>, 07월 24일.
- 최윤진(2010), "'꼽등이'출현에 공포확산...죽이면 기생충 '연가시'나와", <뉴스인사이드>, 09년 01일.
- 최현진(2013), "새 아파트 덮친 '먼지다듬이' 공포", <국제신문>, 07월 25일.
- 한병권(2002), "1억년 전 집게벌레화석 첫발견", <국민일보>, 03월 21일.
- 헤럴드 생생뉴스(2013), "신축 아파트 책벌레(먼지다듬이) 주의보, 방제 환경 갖추려면?", <헤럴드경제>, 12월 05일.
- 환경부 국립생물자원관(2022), 「국가생물종목록 III. 곤충」.

부록

논문

- Corfas, R.A.&Vosshall, L.B.(2015), 「Rom n A Corfas, Leslie B Vosshall, The cation channel TRPA1 tunes mosquito thermotaxis to host temperatures」, 『eLife』, 4.
- Dikens, J.C.&Bohbot, J.D.(2013), 「Mini review: Mode of action of mosquito repellents」. 『Pesticide Biochemistry and Physiology』, pp.149-155.

웹사이트 및 기타

- 국가법령정보센터 홈페이지 www.law.go.kr
- 국립환경과학원 홈페이지 www.nier.go.kr
- 농림축산검역본부 홈페이지 www.qia.go.kr
- 농림축산식품부 홈페이지 www.mafra.go.kr
- 보건복지부 홈페이지 www.mohw.go.kr
- 식품의약품안전처 홈페이지 www.mfds.go.kr
- 환경부 홈페이지 http://me.go.kr/home/web/main.do
- 국립환경과학원(2018), 「살균 소독제 효능시험방법 자료집」.

곰팡이
해충
세균
바이러스

아는 만큼 건강해지는 위생상식

초판 1쇄 발행 2022년 11월 7일
초판 2쇄 발행 2023년 1월 3일

지은이 최덕호, 정진영
펴낸이 김희연
펴낸곳 에이엠스토리(amStory)
편집 정지혜, 박예지
홍보·마케팅 ㈜에이엠피알(amPR)
디자인 배은영
인쇄 ㈜상지사P&B
출판 신고 2010년 1월 29일 제2011-000018호
주소 (04352) 서울특별시 용산구 한강대로 296(참빛빌딩) 602호
전화 (02) 779-6319
팩스 (02) 779-6317
전자우편 amstory11@naver.com
ISBN 979-11-85469-21-8(13590)